宇宙のふしぎ なぜ？どうして？

監修 東京大学総合研究博物館教授
宮本英昭

高橋書店

はじめに

宇宙《うちゅう》はどのくらい広《ひろ》いんだろう？
地球《ちきゅう》って、どんな星《ほし》なんだろう？
ほかの星《ほし》は、地球《ちきゅう》とどうちがうんだろう？
そんなふうに、宇宙《うちゅう》や地球《ちきゅう》について、ふしぎに思《おも》ったことはありませんか？

じつは、宇宙《うちゅう》にはふしぎなことがいっぱいあります。世界中《せかいじゅう》の研究者《けんきゅうしゃ》たちが集《あつ》まって考《かんが》えても、どうしてもわからないこともたくさんあります。

この本《ほん》では、そんな、なぞだらけの宇宙《うちゅう》について、くわしく説《せっ》

明《めい》しています。宇宙《うちゅう》や星《ほし》のしくみだけでなく、星座《せいざ》の物語《ものがたり》や宇宙《うちゅう》にかかわる人《ひと》たちのふしぎもしょうかいしています。

この本《ほん》を読《よ》んだみんなも、きっとわからないことがたくさん出《で》てくると思《おも》います。そうしたら、もっと調《しら》べてみてください。

そして、いつも「本当《ほんとう》かな？」とふしぎに思《おも》った気持《きも》ちをもち続《つづ》けてください。

もしかしたら、みんなが見《み》つけた答《こた》えは、この先《さき》まったく別《べつ》の新《あたら》しい発見《はっけん》につながるかもしれないからです。

ぜひみんながこの本《ほん》を通《つう》じて、宇宙《うちゅう》のふしぎやおもしろさを楽《たの》しんでくれることを、心《こころ》から願《ねが》っています。

東京大学総合研究博物館
教授

宮本《みやもと》　英昭《ひであき》

もくじ

地球《ちきゅう》のふしぎ

太陽《たいよう》と惑星《わくせい》のふしぎ

遠《とお》い星《ほし》のふしぎ

宇宙《うちゅう》の仕事《しごと》のふしぎ

編集協力　株式会社童夢
アートディレクション　辻中浩一　本文デザイン　辻中浩一・内藤万起子（ウフ）
DTP　天龍社　校正　新山耕作　イラスト　赤澤英子　和久田容代　上田惣子　ひらのあすみ

宇宙《うちゅう》のふしぎ

宇宙《うちゅう》って、何《なに》？

宇宙《うちゅう》とは、すべてです。

みんなも、みんなの家族《かぞく》も友《とも》だちも、家《いえ》も街《まち》も、地球《ちきゅう》も月《つき》も太陽《たいよう》も、宇宙《うちゅう》の中《なか》にあります。

じつは、今《いま》この世界《せかい》にあるすべてのものは、宇宙《うちゅう》にそんざいする、「素粒子《そりゅうし》」という小《ち》いさな小《ち》いさなつぶから生《う》まれました。このため、地《ち》球《きゅう》に生《い》き物《もの》がいるのも、空《そら》の色《いろ》が変《か》わるのも、月《つき》や星《ほし》が見《み》えるのも、すべて宇宙《うちゅう》が関係《かんけい》しています。つまり、宇宙《うちゅう》とは、みんなが見《み》ているこの世界《せかい》そのものなのです。

だから、宇宙《うちゅう》について知《し》ることができれば、身《み》のまわりのふしぎも、きっと少《すこ》しずつわかってくるでしょう。

宇宙《うちゅう》はどれくらい大《おお》きいの？

わかりません。

でも、わからない理由《りゆう》ならわかります。それは、宇宙《うちゅう》が広《ひろ》がっているからです。

宇宙《うちゅう》が生《う》まれたのは約《やく》１３８億年前《おくねんまえ》。しかし宇宙《うちゅう》が生《う》まれたときの光《ひかり》が地球《ちきゅう》にとどくまでに、宇宙《うちゅう》はスピードをあげながらどんどん広《ひろ》がっていきました。そして今《いま》も、ものすごい速《はや》さで宇宙《うちゅう》は広《ひろ》がり続《つづ》けているため「今《いま》」の宇宙《うちゅう》の大《おお》きさを知《し》ることはできないのです。

映画
はてしない
宇宙の物語
そこにはあった。
たしかにあった
宇宙《うちゅう》のもとがあった。
けれども宇宙《うちゅう》のもとが
なんなのか、
それはだれにもわからない

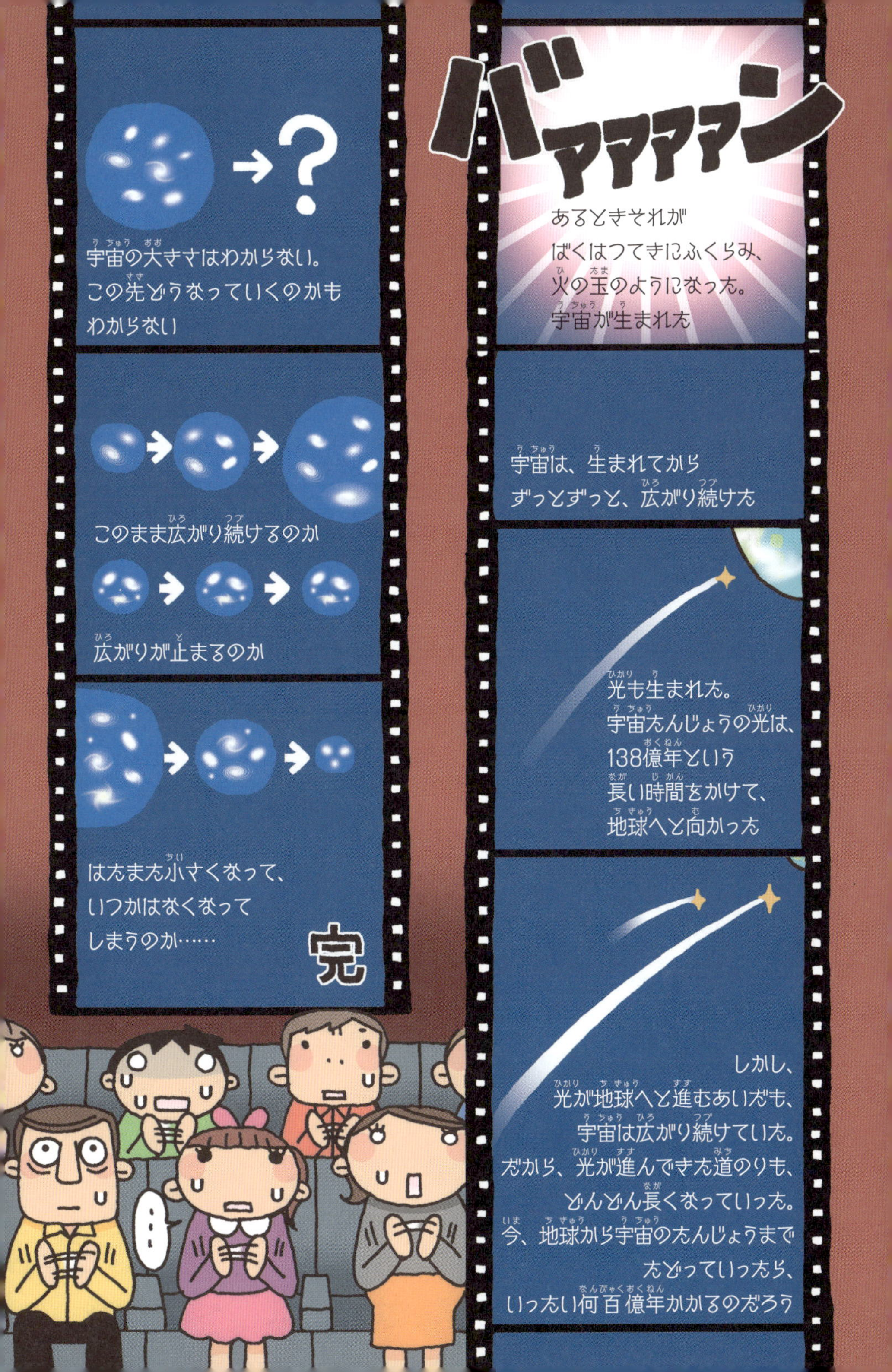

バアアアアン
あるときそれが
ばくはつてきにふくらみ、
火《ひ》の玉《たま》のようになった。
宇宙《うちゅう》が生《う》まれた
宇宙《うちゅう》は、生《う》まれてから
ずっとずっと、広《ひろ》がり続《つづ》けた
光《ひかり》も生《う》まれた。
宇宙《うちゅう》たんじょうの光《ひかり》は、
138億年《おくねん》という
長《なが》い時間《じかん》をかけて、
地球《ちきゅう》へと向《む》かった
しかし、
光《ひかり》が地球《ちきゅう》へと進《すす》むあいだも、
宇宙《うちゅう》は広《ひろ》がり続《つづ》けていた。
だから、光《ひかり》が進《すす》んできた道《みち》のりも、
どんどん長《なが》くなっていった。
今《いま》、地球《ちきゅう》から宇宙《うちゅう》のたんじょうまで
たどっていったら、
いったい何百億年《なんびゃくおくねん》かかるのだろう
宇宙《うちゅう》の大《おお》きさはわからない。
この先《さき》どうなっていくのかも
わからない
このまま広《ひろ》がり続《つづ》けるのか
広《ひろ》がりが止《と》まるのか
はたまた小《ちい》さくなって、
いつかはなくなって
しまうのか……
完
…

別《べつ》の宇宙《うちゅう》にもいる？
わたし

じゃあ宇宙《うちゅう》の外《そと》はどうなっているの？

どこまでも続《つづ》きそうな、広《ひろ》い宇宙《うちゅう》。もしわたしたちが、ずっと、ずーっと先《さき》の宇宙《うちゅう》まで行《い》けたら、その先《さき》はいったいどうなっているのでしょうか？

じつは、宇宙《うちゅう》の外《そと》のことはだれにもわかっていません。それどころか、宇宙《うちゅう》に外《そと》があるのかさえも、わかっていないのです。

宇宙《うちゅう》の考《かんが》え方《かた》いろいろ

外《そと》がない？

宇宙《うちゅう》の中《なか》にいる人《ひと》は、地球《ちきゅう》を1周《しゅう》するみたいに、どんなに進《すす》んでも、もとの位置《いち》にもどってしまうという説《せつ》があります。

はてがある？
ない？

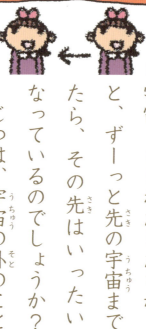

やってみよう

宇宙《うちゅう》の外《そと》を考《かんが》えてみよう！

このページで見《み》てきたように、宇宙《うちゅう》の外《そと》についてはいろいろな考《かんが》えがあります。みんなは、どう思《おも》いますか？　自分《じぶん》なりに考《かんが》えてみましょう。

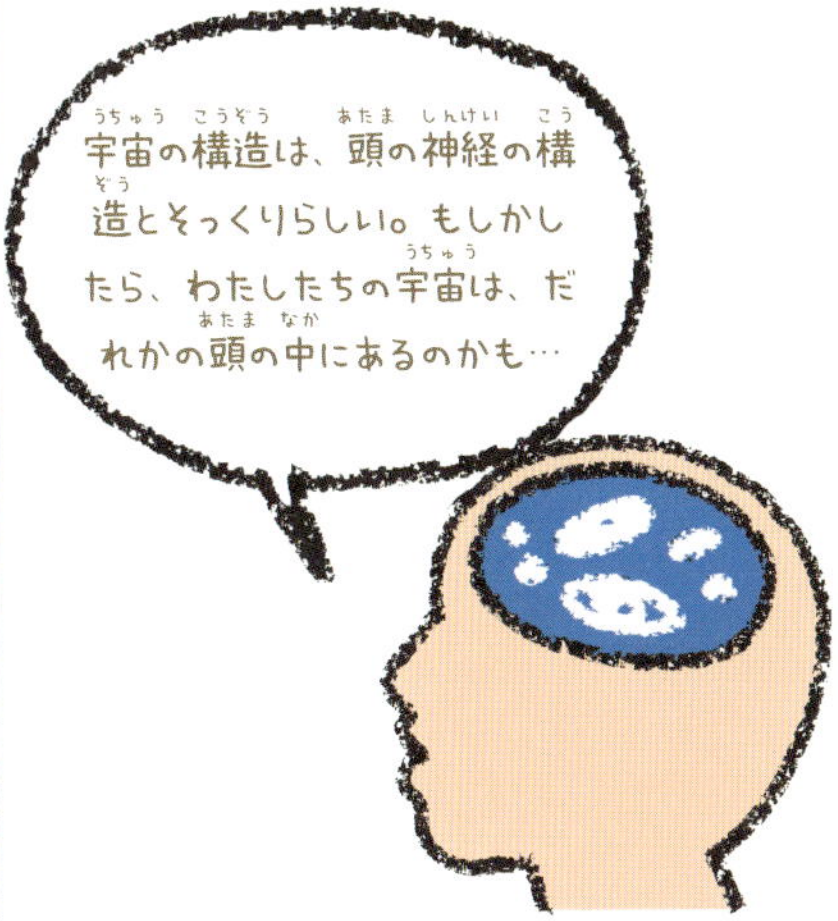
宇宙《うちゅう》の構造《こうぞう》は、頭《あたま》の神経《しんけい》の構《こう》造《ぞう》とそっくりらしい。もしかしたら、わたしたちの宇宙《うちゅう》は、だれかの頭《あたま》の中《なか》にあるのかも…

どこまでも広《ひろ》がっている？

永遠《えいえん》に広《ひろ》がる宇宙《うちゅう》。はてはなく、ずっと続《つづ》くと考《かんが》える人《ひと》もいます。

別《べつ》の宇宙《うちゅう》につながっている？

もとの宇宙《うちゅう》からあわのように小《ちい》さな宇宙《うちゅう》がたくさん生《う》まれたという説《せつ》があります。みんながいる宇宙《うちゅう》は、たくさんある宇宙《うちゅう》の中《なか》のひとつなのかもしれません。

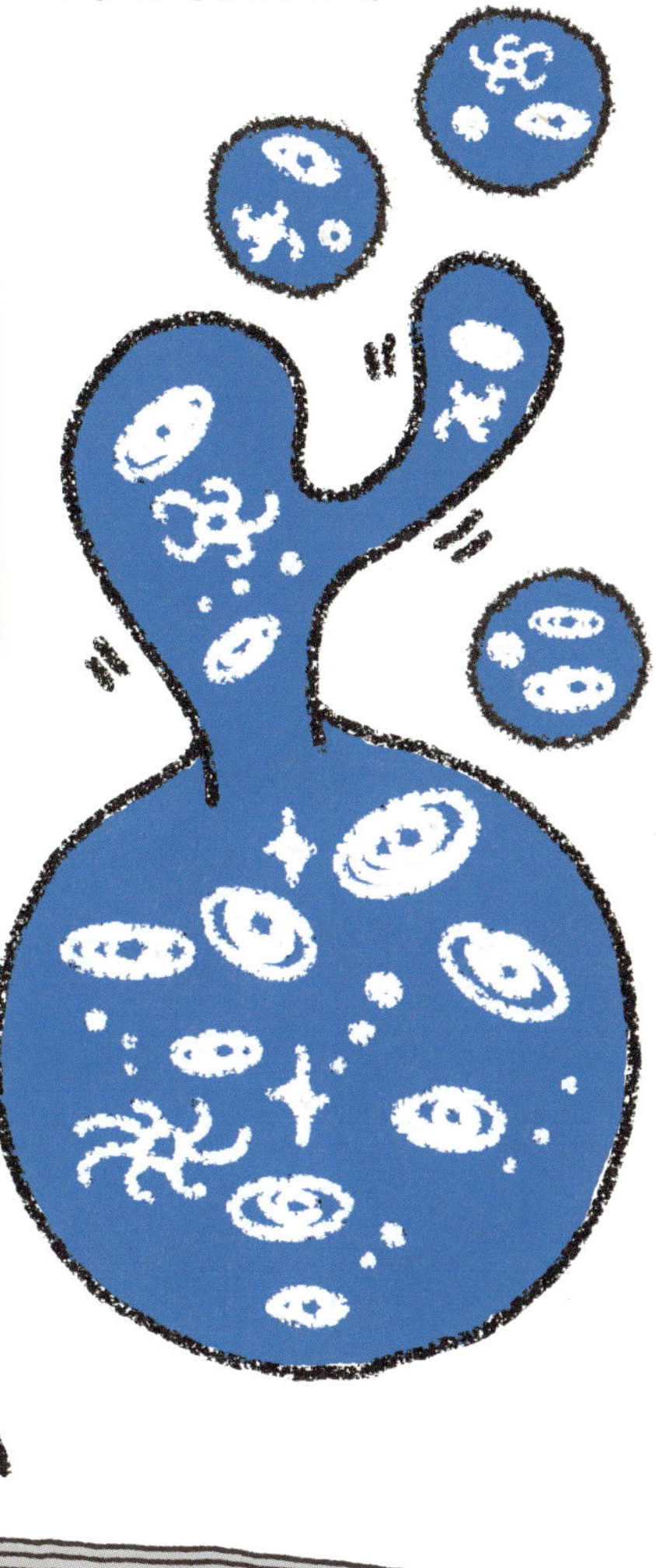

わたしたちは宇宙《うちゅう》のどこにいるの？

手紙《てがみ》で住所《じゅうしょ》を書《か》くとき、○○県《けん》△△市《し》などと書《か》きますね。海外《かいがい》に出《だ》すときは、国《くに》の名前《なまえ》も入《い》れなければなりません。

もし、別《べつ》の宇宙《うちゅう》から地球《ちきゅう》に手紙《てがみ》を出《だ》すとしたら、その手紙《てがみ》はどんな道《みち》のりをたどっていくのでしょうか？

地球《ちきゅう》の住所《じゅうしょ》からさがしてみましょう。

宇宙 ラニアケア超銀河団
おとめ座超銀河団
局部銀河群 銀河系 太陽系
第三惑星 地球 日本
東京都世田谷区○○町2-6-5
宇田 光一様
18-24
えっ!?
地球《ちきゅう》!?
遠《とお》すぎだよ…

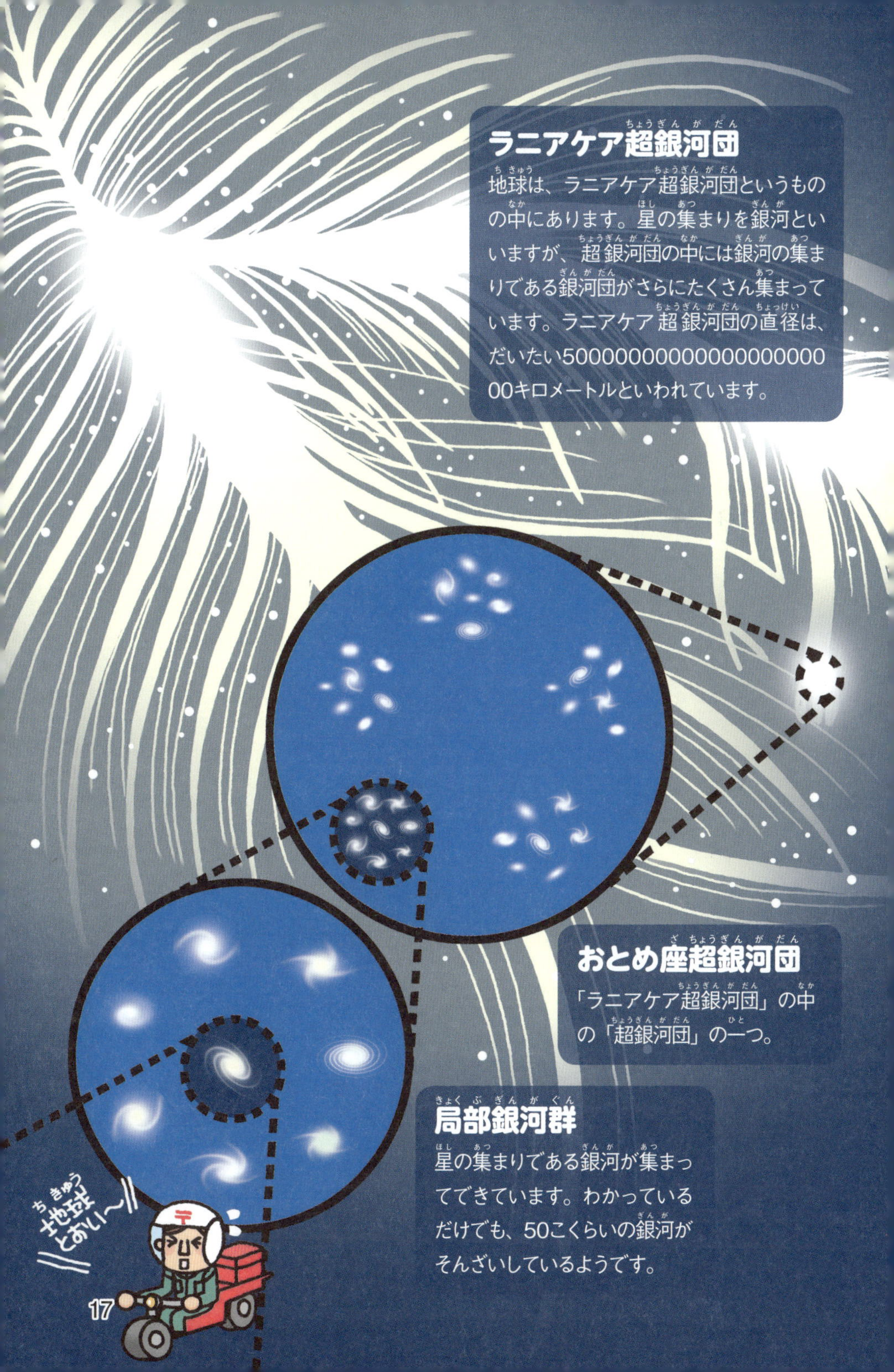

ラニアケア超銀河団《ちょうぎんがだん》

地球《ちきゅう》は、ラニアケア超銀河団《ちょうぎんがだん》というものの中《なか》にあります。星《ほし》の集《あつ》まりを銀河《ぎんが》といいますが、超銀河団《ちょうぎんがだん》の中《なか》には銀河《ぎんが》の集《あつ》まりである銀河団《ぎんがだん》がさらにたくさん集《あつ》まっています。ラニアケア超銀河団《ちょうぎんがだん》の直径《ちょっけい》は、だいたい500000000000000000000000キロメートルといわれています。

おとめ座《ざ》超銀河団《ちょうぎんがだん》

「ラニアケア超銀河団《ちょうぎんがだん》」の中《なか》の「超銀河団《ちょうぎんがだん》」の一《ひと》つ。

局部銀河群《きょくぶぎんがぐん》

星《ほし》の集《あつ》まりである銀河《ぎんが》が集《あつ》まってできています。わかっているだけでも、50こくらいの銀河《ぎんが》がそんざいしているようです。

銀河系《ぎんがけい》

わたしたちのくらす地球《ちきゅう》がある銀河《ぎんが》は、「銀河系《ぎんがけい》」とよばれています。地球《ちきゅう》は、この銀河系《ぎんがけい》のはしっこにあるのです。銀河系《ぎんがけい》は200000000000こ以上《いじょう》の星《ほし》が集《あつ》まっています。

ぐるぐる回《まわ》る太陽系《たいようけい》

地球《ちきゅう》は太陽《たいよう》のまわりを回《まわ》っていますが、じつは太陽系《たいようけい》も銀河系《ぎんがけい》のまわりをものすごいスピードで回《まわ》っています。

でも、1周《しゅう》2億《おく》4000万年《まんねん》もかかるので、わたしたちが生《い》きているあいだに宇宙《うちゅう》の同《おな》じ場所《ばしょ》にもどることはできません。

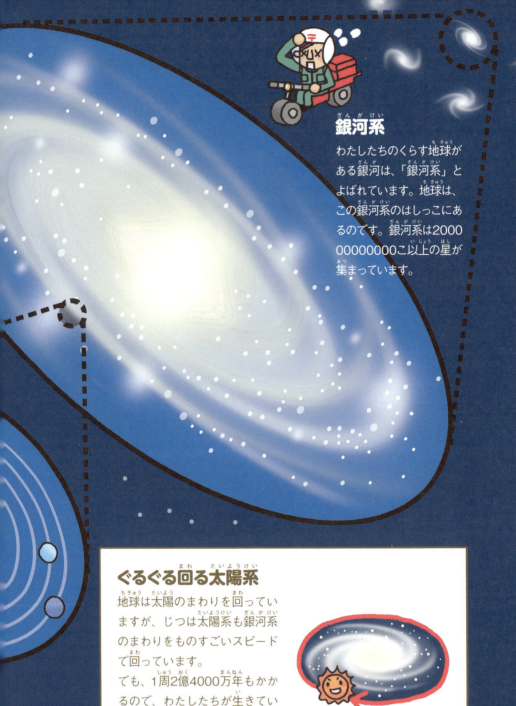

宇宙《うちゅう》は、星《ほし》がたくさん集《あつ》まってできている銀河《ぎんが》がところどころに集中《しゅうちゅう》してそんざいしています。その様子《ようす》はまるであみの目《め》のように見《み》えます。

太陽系《たいようけい》

自分《じぶん》で光《ひか》る太陽《たいよう》のまわりを、地球《ちきゅう》をふくむ８つの惑星《わくせい》や小《ちい》さな星《ほし》たちが回《まわ》っています。太陽《たい》のように自分《じぶん》で光《ひか》る星《ほし》は、銀河系《ぎんがけい》には約《やく》1000億《おく》こもあります。

月《つき》

地球《ちきゅう》のまわりを回《まわ》っています。

地球《ちきゅう》

わたしたちがくらす星《ほし》。太陽《たいよう》から3番目《ばんめ》に近《ちか》いところを回《まわ》っています。

わたしたちはどこにいる？

宇宙《うちゅう》の住所《じゅうしょ》はわかりましたが、まだまだわたしたちのそんざいについて、ぎろんしている人《ひと》たちがいるようです。みんなもいっしょに考《かんが》えてみましょう。

わからない
デカルト

この世《よ》のすべてに、たしかなものはなく、自分《じぶん》がいる場所《ばしょ》もまぼろしかもしれませんが、そう考《かんが》える「自《じ》分《ぶん》」だけはたしかにいます。

心《こころ》の中《なか》
ぼく

わたしたちは、ときどき家族《かぞく》や友人《ゆうじん》のことを考《かんが》えたり、思《おも》い出《だ》したりします。これは、大切《たいせつ》に思《おも》う人《ひと》がいつも心《こころ》の中《なか》にいるからだといえます。

地上界《ちじょうかい》
イエス・キリスト

キリスト教《きょう》では、人間《にんげん》をふくむこの世《よ》のすべては神様《かみさま》がつくったと考《かんが》えます。そして人間《にんげん》は、生《い》きているあいだは、地上界《ちじょうかい》にいるのです。

クッキング

いちばんはじめにできた星《ほし》って何《なに》？

数《かぞ》えきれないほどたくさんある夜空《よぞら》の星《ほし》。そんな星《ほし》の中《なか》で、さいしょにできた星《ほし》って、どんな星《ほし》なのでしょう？

宇宙《うちゅう》が生《う》まれてしばらくは、星《ほし》のない真《ま》っ暗《くら》な時代《じだい》が続《つづ》きました。そして、3億年《おくねん》ほどたったころ、さいしょの星《ほし》が生《う》まれました。これが、

① 宇宙空間《うちゅうくうかん》のむらで星《ほし》ができる

真《ま》っ暗《くら》な宇宙空間《うちゅうくうかん》ですが、じつはいろいろな物質《ぶっしつ》がガスとなってただよっています。このガスは、物質《ぶっしつ》が集《あつ》まってこい部分《ぶぶん》と、うすい部分《ぶぶん》があり、むらになっています。このこい部分《ぶぶん》で星《ほし》のもとが生《う》まれます。

ふふふ…
テケテッテッテッテッテッ
テケテッテッテッテッテッ
むらがないと、星《ほし》は生《う》まれないので注意《ちゅうい》してくださいね
本日のメニュー
ファーストスター
材料
・水素
・ヘリウム
……

ウチュー 3億年

「ファーストスター」です。

ファーストスターは、宇宙《うちゅう》ではじめにできた物質《ぶっしつ》から生《う》まれました。青白《あおじろ》くかがやく、大《おお》きな星《ほし》でした。

そして、ファーストスターの中《なか》では、そのあとにできる星《ほし》たちの材料《ざいりょう》がつくられました。つまり、このファーストスターから、太陽《たいよう》や地球《ちきゅう》が生《う》まれたのです。

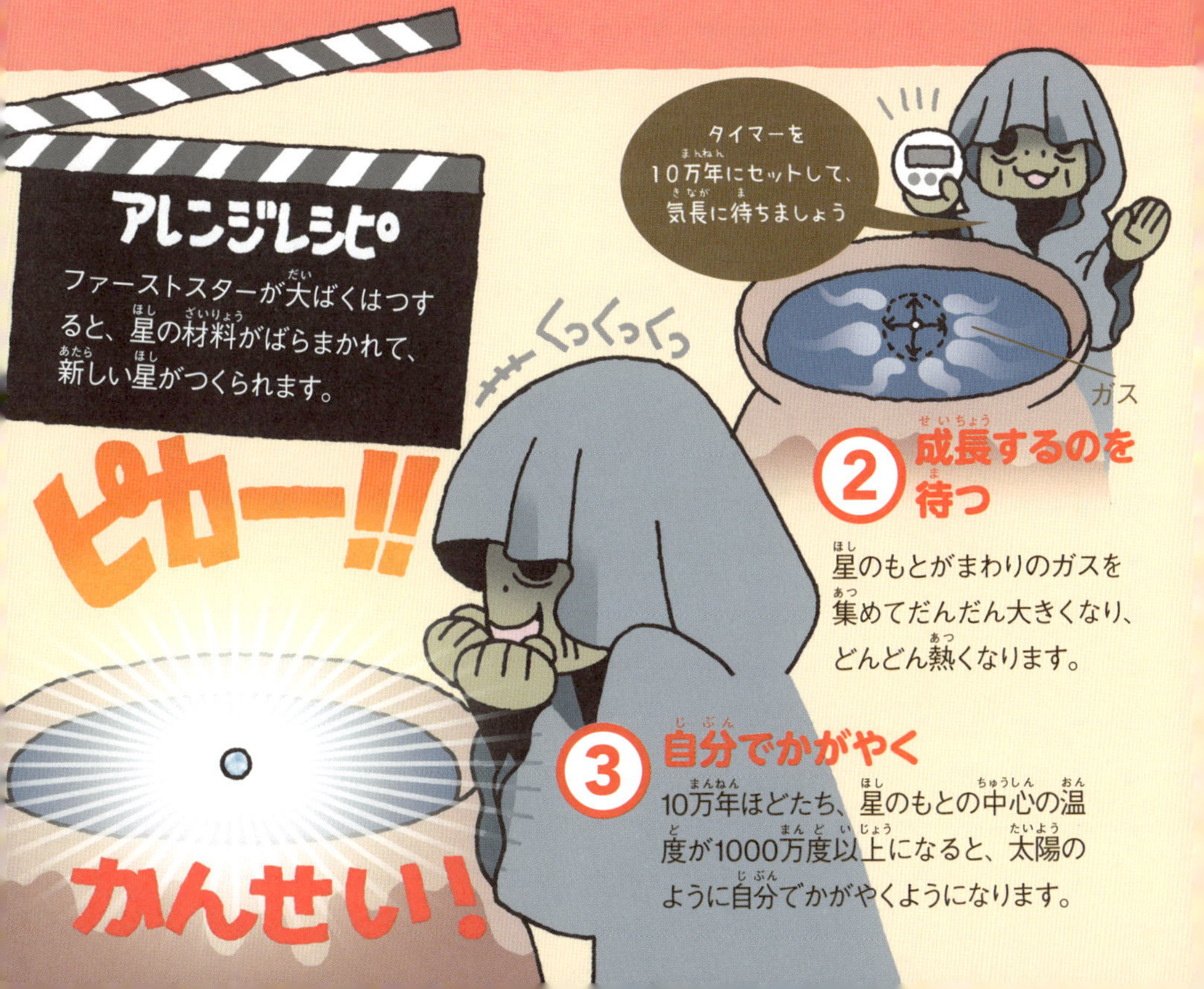

タイマーを
10万年《まんねん》にセットして、
気長《きなが》に待《ま》ちましょう
ガス
くっくっくっ
ピカー!!
かんせい!

アレンジレシピ

ファーストスターが大《だい》ばくはつすると、星《ほし》の材料《ざいりょう》がばらまかれて、新《あたら》しい星《ほし》がつくられます。

② 成長《せいちょう》するのを待《ま》つ

星《ほし》のもとがまわりのガスを集《あつ》めてだんだん大きくなり、どんどん熱《あつ》くなります。

③ 自分《じぶん》でかがやく

10万年《まんねん》ほどたち、星《ほし》のもとの中心《ちゅうしん》の温《おん》度《ど》が1000万度《まんど》以上《いじょう》になると、太陽《たいよう》のように自分《じぶん》でかがやくようになります。

星《ほし》ってどれくらい遠《とお》いの？

夜空《よぞら》にかがやく数《かぞ》えきれないほどの星《ほし》たち。その多《おお》くは、太陽《たいよう》のように自分《じぶん》で光《ひか》る星《ほし》、恒星《こうせい》で、地球《ちきゅう》からものすごく遠《とお》いきょりにあります。たとえば、シリウスという星《ほし》は恒星《こうせい》の中《なか》でも地球《ちきゅう》に近《ちか》い星《ほし》です。

今《いま》、見《み》えているのはいつの光《ひかり》？
10年前
あなたの
たんじょう
現在
8.6年前《ねんまえ》に
光《ひか》った
シリウス
8.6光年
太陽
8.19分前
月　1.3秒前
光《ひかり》の速《はや》さ
1秒《びょう》で地球《ちきゅう》を
7周半進《しゅうはんすす》む！
MEMO

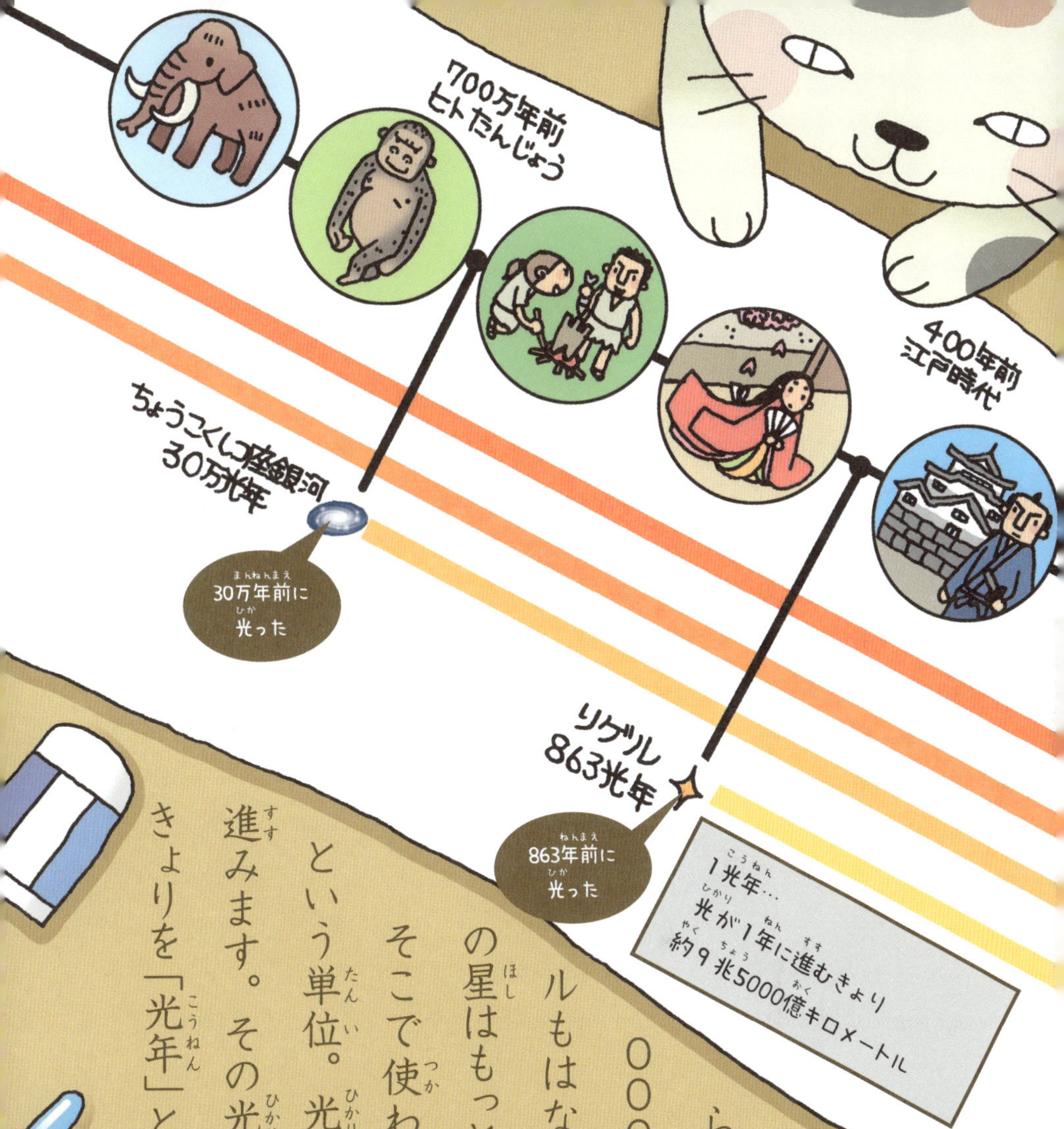
700万年前
ヒトたんじょう
400年前
江戸時代
ちょうこくしつ座銀河
30万光年
30万年前《まんねんまえ》に
光《ひか》った
リゲル
863光年
863年前《ねんまえ》に
光《ひか》った
1光年《こうねん》…
光《ひかり》が1年《ねん》に進《すす》むきょり
約《やく》9兆《ちょう》5000億《おく》キロメートル

それでも地球《ちきゅう》から81700000000000キロメートルもはなれています。ほかの星《ほし》はもっと遠《とお》くにあります。

そこで使《つか》われるのが「光年《こうねん》」という単位《たんい》。光《ひかり》はものすごく速《はや》く進《すす》みます。その光《ひかり》が1年《ねん》かけて進《すす》むきょりを「光年《こうねん》」とよんでいるのです。

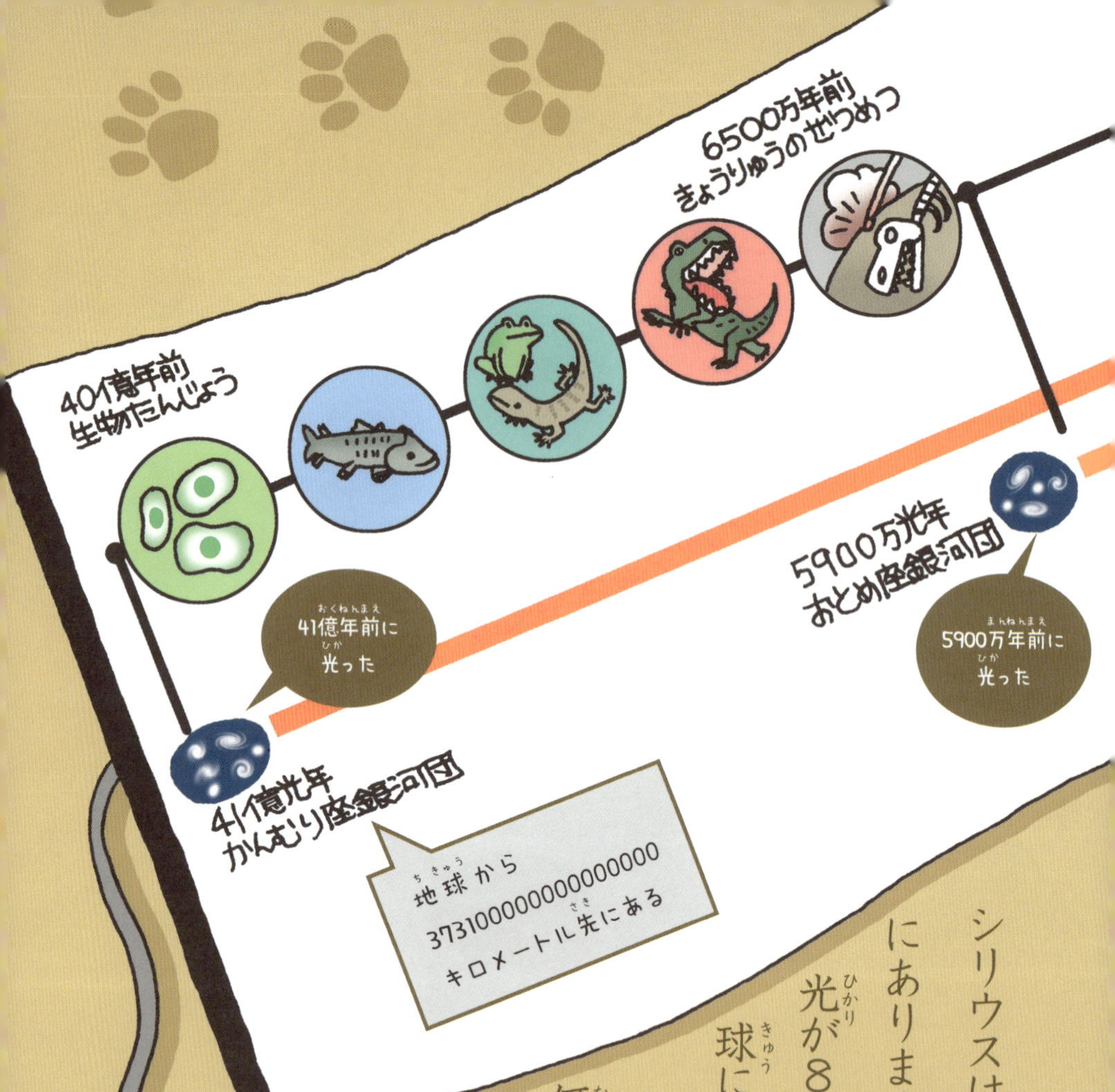

シリウスは地球《ちきゅう》から8光年《こうねん》以上先《いじょうさき》にありますが、これはシリウスの光《ひかり》が8年《ねん》以上《いじょう》かけてようやく地《ち》球《きゅう》にとどくということ。

つまり星《ほし》は、光《ひかり》の速《はや》さで何年《なんねん》も、何百年《なんびゃくねん》も、何《なん》億年《おくねん》もかかるくらい遠《とお》いところにあるのです。

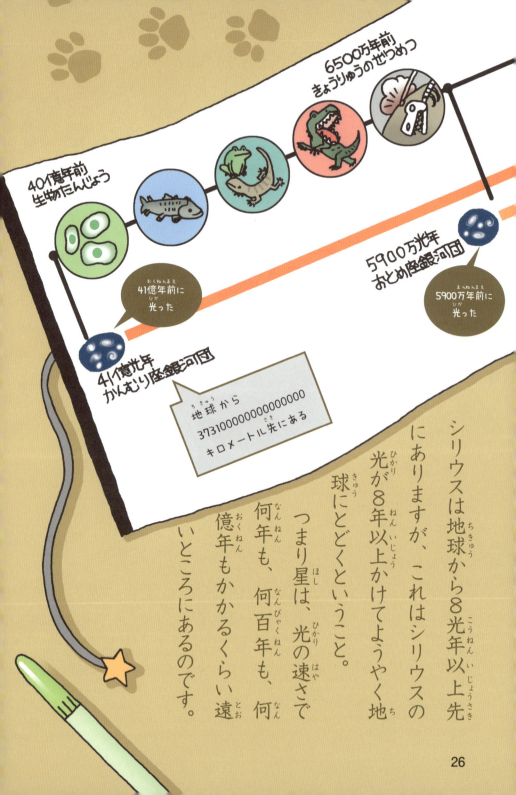

天《あま》の川《がわ》はどこにある？

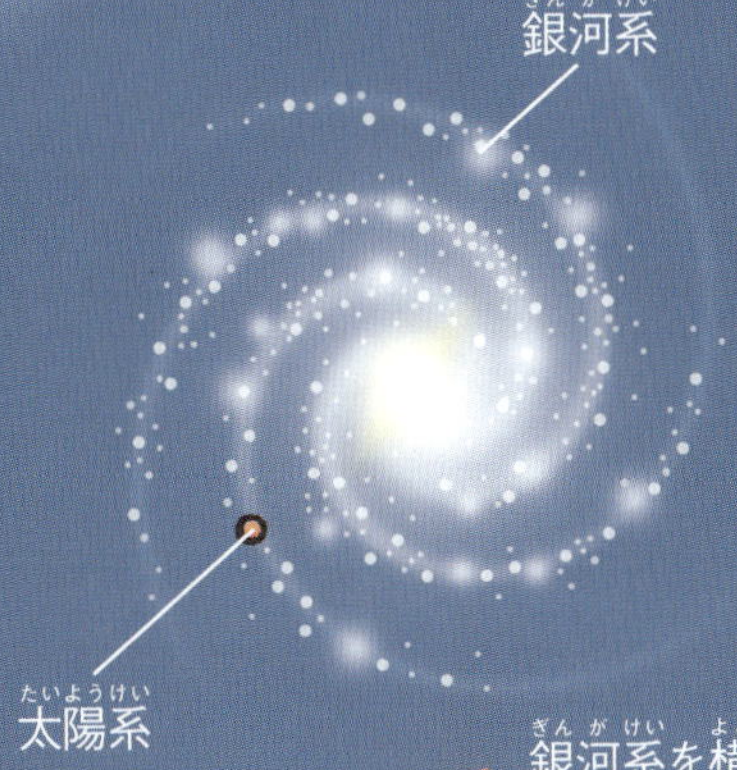
銀河系《ぎんがけい》
太陽系《たいようけい》

夜空《よぞら》にかがやく星《ほし》の集《あつ》まり、「天《あま》の川《がわ》」を見《み》たことはありますか？　じつは、天《あま》の川《がわ》の正体《しょうたい》は地球《ちきゅう》がある銀河系《ぎんがけい》の中心《ちゅうしん》を見《み》たものなのです。

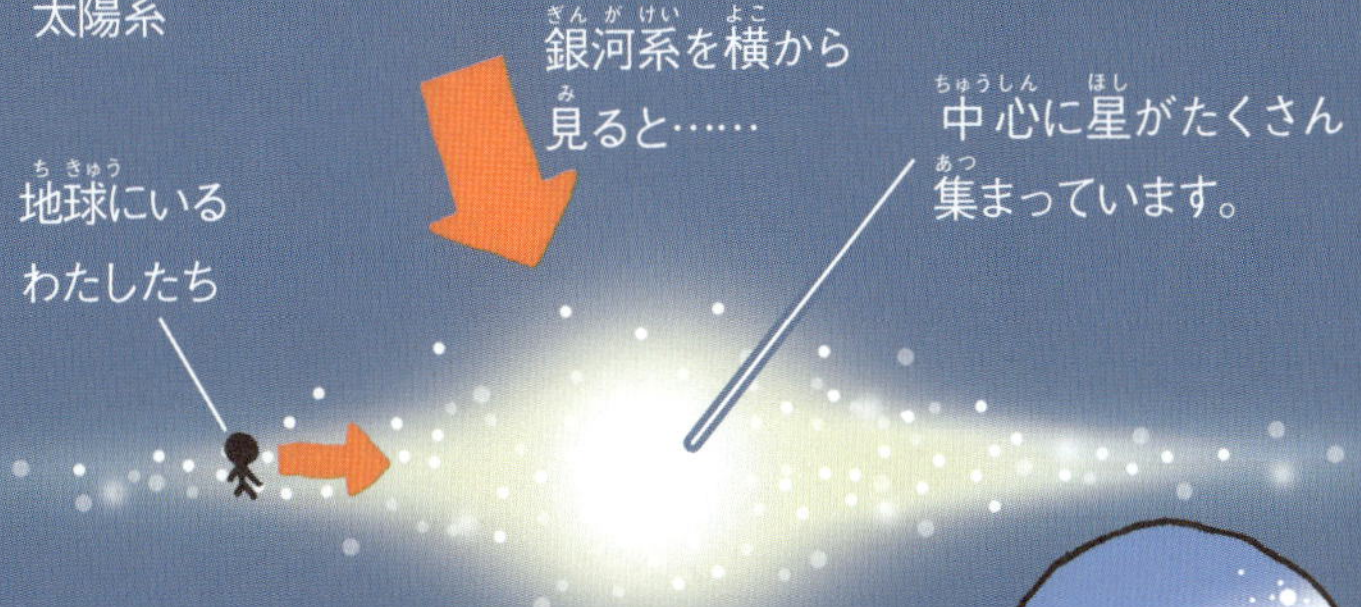
銀河系《ぎんがけい》を横《よこ》から見《み》ると……
中心《ちゅうしん》に星《ほし》がたくさん集《あつ》まっています。
地球《ちきゅう》にいるわたしたち

銀河系《ぎんがけい》の中心《ちゅうしん》には、たくさん星《ほし》が集《あつ》まっています。これを地球《ちきゅう》から見《み》ると、星《ほし》の集《あつ》まりはまるで川《かわ》のように見《み》え、わたしたちは「天《あま》の川《がわ》」とよんでいます。

どうして大《おお》きい星《ほし》と小《ちい》さい星《ほし》があるの？

星空《ほしぞら》をよくながめてみると、星《ほし》はみんな同《おな》じ大《おお》きさではなく、大《おお》きかったり小《ちい》さかったりすると気《き》づくかもしれません。じつはこれは、星《ほし》の明《あか》るさがちがうからなのです。

①星《ほし》の明《あか》るさは、燃料《ねんりょう》の量《りょう》で変《か》わる！

星《ほし》は、それぞれ光《ひか》る強《つよ》さがちがいます。星《ほし》が光《ひか》るための燃料《ねんりょう》をどのくらい持《も》っているかで、明《あか》るさは変《か》わるのです。そして明《あか》るい星《ほし》ほど、大《おお》きく光《ひか》って見《み》えます。

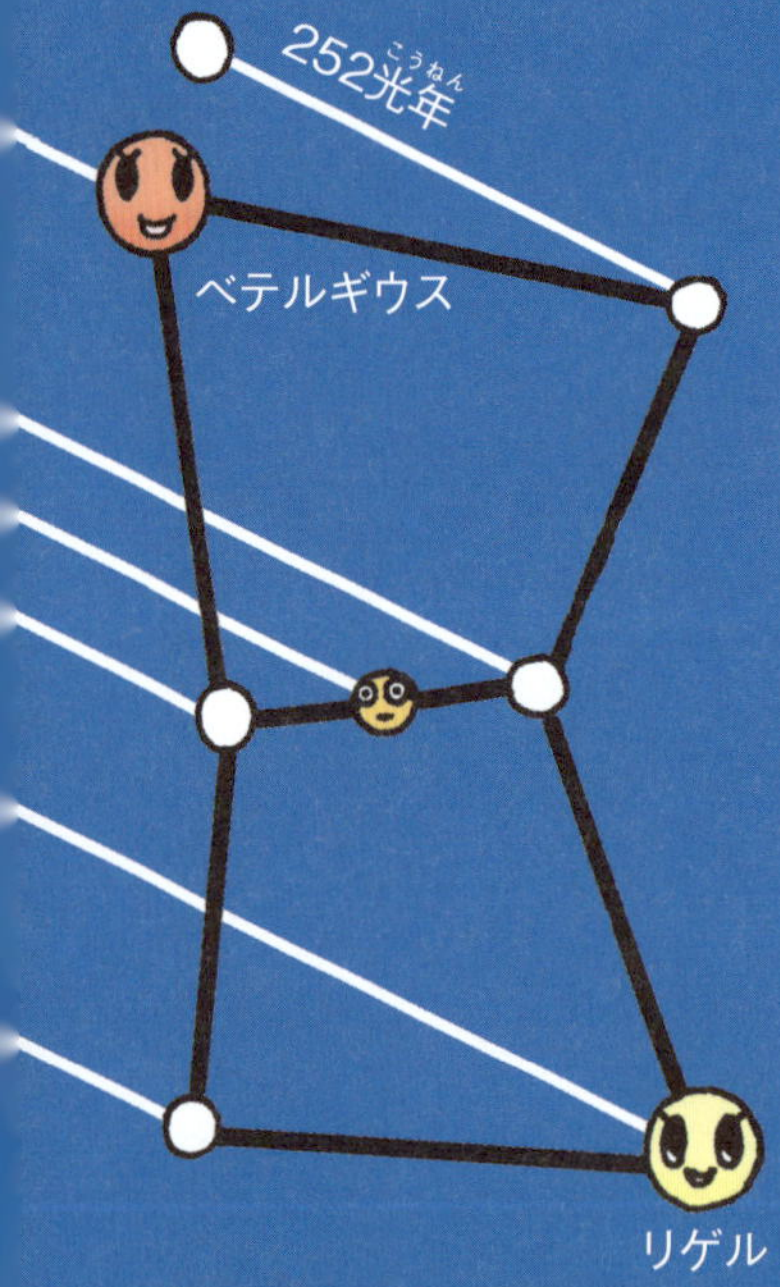
252光年《こうねん》
ベテルギウス
リゲル

オリオン座《ざ》

冬《ふゆ》に見《み》られる星座《せいざ》です。とくに「ベテルギウス」と「リゲル」という星《ほし》は、ひときわ明《あか》るくかがやき、かんたんに見《み》つけられます。

あの星《ほし》まで見《み》に行《い》ってみよう！
明《あか》るい星《ほし》は大《おお》きいの？

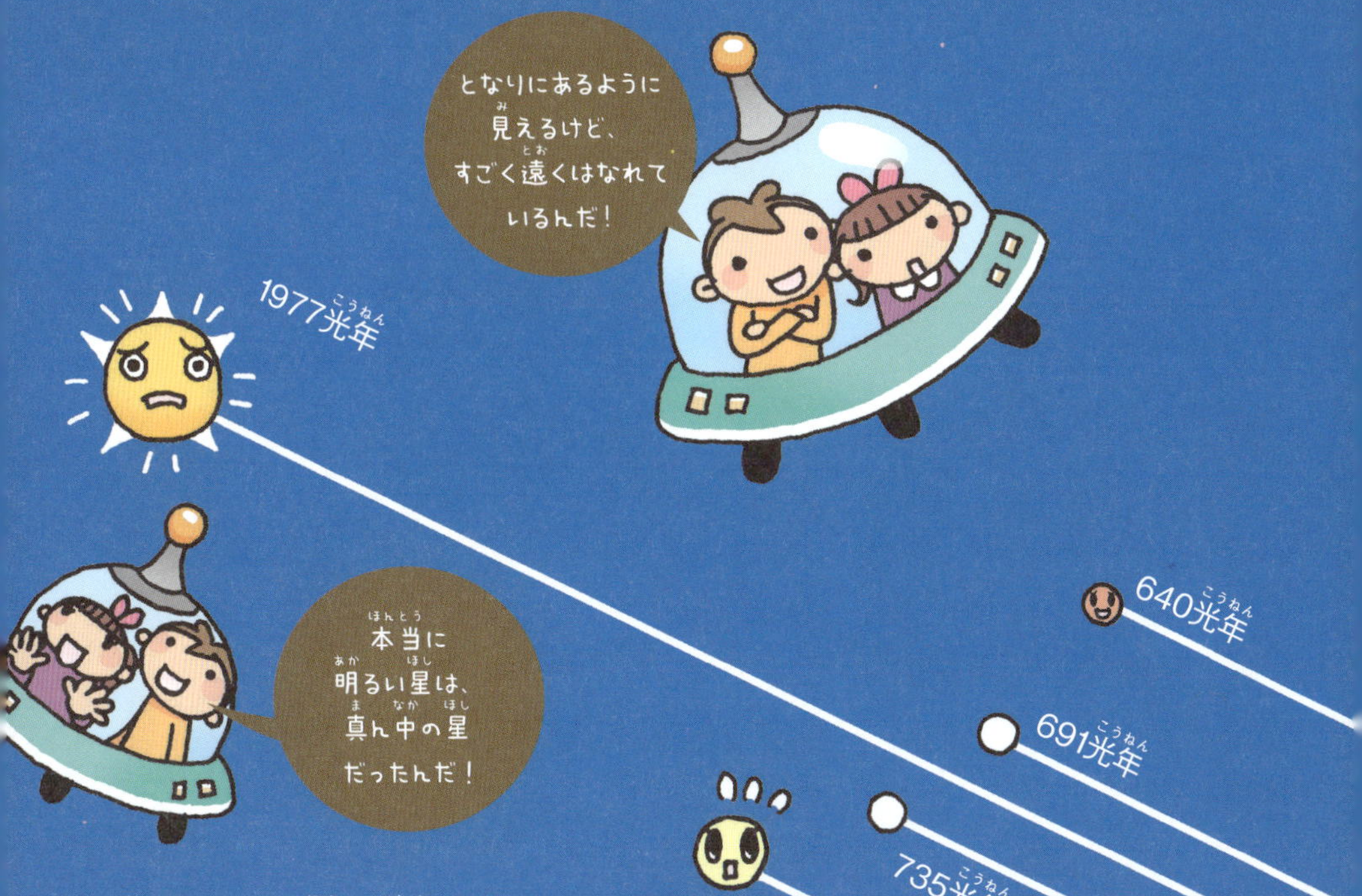
となりにあるように
見《み》えるけど、
すごく遠《とお》くはなれて
いるんだ！
1977光年《こうねん》
640光年《こうねん》
本当《ほんとう》に
明《あか》るい星《ほし》は、
真《ま》ん中《なか》の星《ほし》
だったんだ！
691光年《こうねん》
735光年《こうねん》

②星《ほし》の明《あか》るさは、きょりによっても変《か》わる！

星《ほし》は、地球《ちきゅう》から近《ちか》くにあると明《あか》るく、遠《とお》くにあると暗《くら》く見《み》えます。これは、遠《とお》くにいくほど、光《ひかり》がとどきにくくなるからです。

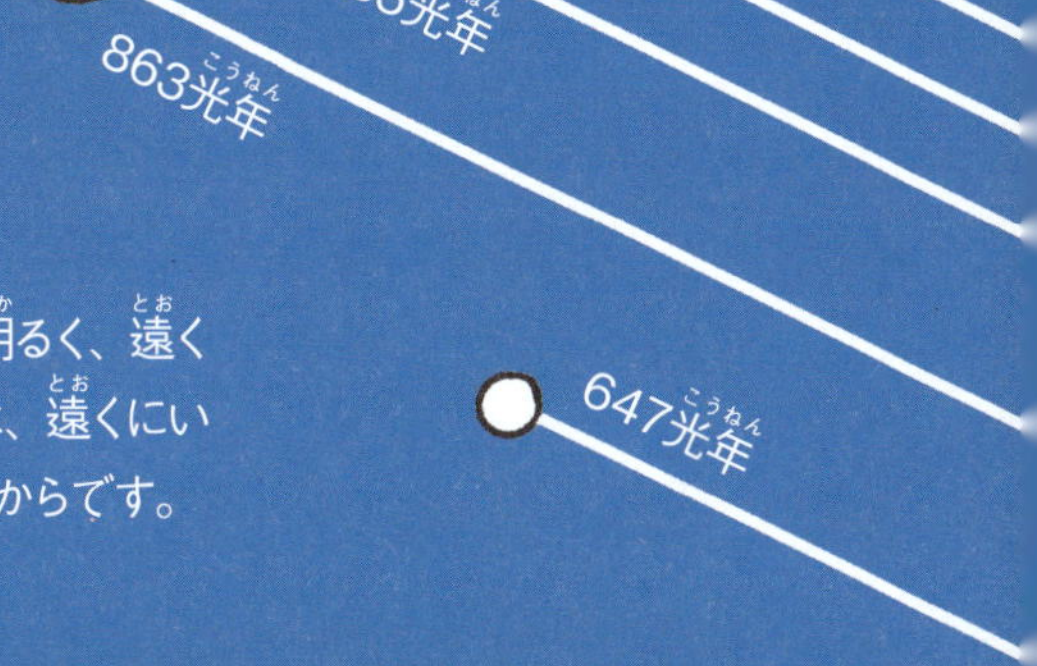
863光年《こうねん》
647光年《こうねん》

星《ほし》の明《あか》るさをあらわす単位《たんい》

星《ほし》の明《あか》るさには、きょりや重《おも》さをはかるときと同《おな》じように、特別《とくべつ》な単位《たんい》があります。「等級《とうきゅう》」という単位《たんい》で、1等級《いっとうきゅう》の星《ほし》のことを「1等星《いっとうせい》」といいます。オリオン座《ざ》の右下《みぎした》の星《ほし》、「リゲル」は1等星《いっとうせい》です。

6等星《とうせい》の
光《ひかり》の大《おお》きさを
豆電球《まめでんきゅう》1こ
とすると…
1等星《とうせい》は
豆電球《まめでんきゅう》100こ！

宇宙《うちゅう》ってどんなところ？

みんなは日《ひ》なたぼっこをしたことがありますか？　日《ひ》なたぼっこをすると、太陽《たいよう》の日差《ひざ》しがあたたかく、体《からだ》がぽかぽかします。鳥《とり》のさえずる声《こえ》や、花《はな》のあまいかおりがするかもしれません。深《ふか》く息《いき》をすうと、とても落《お》ち着《つ》いて、心地《ここち》よくなってくるでしょう。

宇宙《うちゅう》には、これらがありません。

宇宙《うちゅう》が地球《ちきゅう》と大《おお》きくちがうのは、空気《くうき》がないことです。空気《くうき》がないと息《いき》ができず、音《おと》も聞《き》こえません。太陽《たいよう》の光《ひかり》を心地《ここち》よいと感《かん》じることもできません。水《みず》もありません。あるのは、暗《くら》やみだけです。

しかしそれでも美《うつく》しい……。それが宇宙《うちゅう》なのです。

宇宙《うちゅう》はこんなところ

暗黒《あんこく》

光《ひかり》をあらゆるところにちらばらせる空気《くうき》がないので、宇《う》宙《ちゅう》は真《ま》っ暗《くら》です。

真空《しんくう》

宇宙空間《うちゅうくうかん》は空気《くうき》がないので、息《いき》をすることができません。

無音《むおん》

音《おと》は、空気《くうき》をふるわせることで伝《つた》わります。しかし宇宙《うちゅう》には空気《くうき》がないため、音《おと》がないのです。

過酷《かこく》

太陽《たいよう》の光《ひかり》や熱《ねつ》がちょくせつ体《からだ》に当《あ》たるので、ひどく日焼《ひや》けをしたり、病《びょう》気《き》になったりします。また、体《からだ》に悪《わる》いえいきょうをおよぼす物質《ぶっしつ》がたくさん飛《と》びかっています。

光輝《こうき》

真《ま》っ暗《くら》なので、地球《ちきゅう》にいるとき以上《いじょう》に星《ほし》のかがやきが美《うつく》しく見《み》えます。

どうして宇宙《うちゅう》では体《からだ》がうくの？

みんなは「重力《じゅうりょく》」という言葉《ことば》を聞《き》いたことがありますか？　重力《じゅうりょく》とは、地球《ちきゅう》の中心《ちゅうしん》に向《む》かってものを引《ひ》きつける力《ちから》のこと。それによってわたしたちは重《おも》さを感《かん》じています。反対《はんたい》に、重力《じゅうりょく》がない「無重力《むじゅうりょく》」のじょうたいだと重《おも》さがなくなったように感《かん》じ、体《からだ》がうきます。

じつは、宇宙《うちゅう》に行《い》っても、重力《じゅうりょく》はなくなりません。必《かなら》ずどこかの星《ほし》の重力《じゅうりょく》に引《ひ》きつけられます。だから、宇宙《うちゅう》で体《からだ》がういているように見《み》えても、じっさいは星《ほし》に引《ひ》っぱられて落《お》ち続《つづ》けているじょうたいなのです。

宇宙《うちゅう》の無重力《むじゅうりょく》

宇宙《うちゅう》でもジェットコースターと同《おな》じことが起《お》きています。じつは、宇宙飛行士《うちゅうひこうし》たちが宇宙《うちゅう》でくらす家《いえ》、宇宙《うちゅう》ステーションも、地球《ちきゅう》の重力《じゅうりょく》に引《ひ》っぱられて落《お》ち続《つづ》けているのです。でも、地球《ちきゅう》に落《お》ちてこないように、スピードを出《だ》して前《まえ》にも進《すす》んでいるので、前《まえ》に進《すす》む力《ちから》と、地球《ちきゅう》に向《む》かって落《お》ちる力《ちから》がちょうどつりあって、地球《ちきゅう》のまわりを飛《と》び続《つづ》けられるのです。

ういてるよ! 楽しい!
おいで おいで
本当は 落ちているんだよ…

もし、星《ほし》からの重力《じゅうりょく》をほとんど受《う》けない、「無重力《むじゅうりょく》」の宇宙《うちゅう》に行《い》けたとしても、わずかにある重力《じゅうりょく》に引《ひ》っぱられて、落《お》ちていくのでしょう。でも今《いま》のところ、本当《ほんとう》にどうなるかは、まだたしかめられていません。

身近《みぢか》な無重力《むじゅうりょく》

ジェットコースターが落《お》ちるときに体《からだ》がうくのは、無重力《むじゅうりょく》のじょうたいになっているからです。重力《じゅうりょく》にさからわないで下《した》に落《お》ちることで、重《おも》さがなくなったように感《かん》じるのです。

リンゴ 0g
ういた!?
ふわぁ
ピュー
ひえええええ

重力《じゅうりょく》と同《おな》じ方向《ほうこう》に落《お》ちると、重《おも》さを感《かん》じなくなります。

ういてるように感《かん》じていても、じつは落《お》ち続《つづ》けているのです。

重力《じゅうりょく》だけじゃない！「重《おも》い」ものあれこれ

前《まえ》のページで見《み》たように、わたしたちがいつも感《かん》じている重《おも》さは、地球《ちきゅう》の重力《じゅうりょく》によるものですが、じつは数字《すうじ》でははかれない重《おも》さもたくさんあります。

熱《ねつ》が
あるみたい…

ぼくの体重《たいじゅう》が
重《おも》いのは、
重力《じゅうりょく》のせいだよ！

体重《たいじゅう》が重《おも》い

わたしたちにかかっている、地《ち》球《きゅう》からの重力《じゅうりょく》です。この重《おも》さは、数字《すうじ》ではかることができます。

頭《あたま》が重《おも》い

考《かんが》えごとをしたときや、熱《ねつ》があるときなど、頭《あたま》がいつもより重《おも》く感《かん》じます。

体《からだ》が重《おも》い

体《からだ》がとてもつかれているときなどは、力《ちから》が入《はい》らず、いつもより動《うご》きがにぶくなります。

きのう、
サッカー
やりすぎ
ちゃった…

パソコンが重《おも》い

コンピューターなどの動《うご》きがおそいこと。「重《おも》い」は動《うご》きがにぶいときにも使《つか》われます。

かべはこえられる
人《ひと》にしかやってこない。
だから、かべを感《かん》じたら
成長《せいちょう》できるチャンスだ

言葉《ことば》が重《おも》い

心《こころ》にずしんとひびいた言葉《ことば》のことです。反対《はんたい》に、心《こころ》にひびかない言葉《ことば》は軽《かる》く感《かん》じます。でも、どんな言葉《ことば》で重《おも》さを感《かん》じるかは人《ひと》によってちがいます。

愛《あい》が重《おも》い

相手《あいて》から好意《こうい》を向《む》けられすぎると、かかえきれなくなるかも…。

光一《こういち》くん
これからずーっと
ずーっといっしょに
帰《かえ》ろうね！

気《き》が重《おも》い

未来《みらい》にあるいやなことや、心配《しんぱい》なことを考《かんが》えてなやんでいるとき、気持《きも》ちがふさぎこんでどんよりと感《かん》じてしまいます。

明日《あした》は苦手《にがて》な
漢字《かんじ》のテストだ…

空気《くうき》が重《おも》い

おこられたあとや気《き》まずいときなどは、まわりの空気《くうき》がのしかかってくるように感《かん》じます。

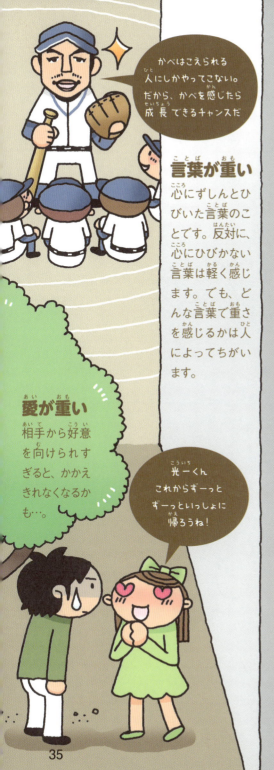

空《そら》はどこまで続《つづ》いているの？

見上《みあ》げると、どこまでも、どこまでも続《つづ》く空《そら》。

今日《きょう》は特別《とくべつ》に「宇宙《うちゅう》エレベーター」に乗《の》って、宇宙《うちゅう》まで行《い》ってみましょう。

これは、地上《ちじょう》から宇宙《うちゅう》まで続《つづ》くエレベーターのことで、じっさいに計画《けいかく》されています。

もしこの宇宙《うちゅう》エレベーターが本当《ほんとう》にできたら、今《いま》よりもっと宇宙《うちゅう》は近《ちか》くなるのかもしれませんね。

雲《くも》 0から10キロメートル
（宇宙《うちゅう》エレベーターで1から2500階《かい》）
富士山《ふじさん》
3776メートル
（宇宙《うちゅう》エレベーターで
944階《かい》）
10km
宇宙
エレベーター
飛行機《ひこうき》
10キロメートル

※エレベーターの階数《かいすう》は、1階《かい》あたり4メートルで計算《けいさん》しています。

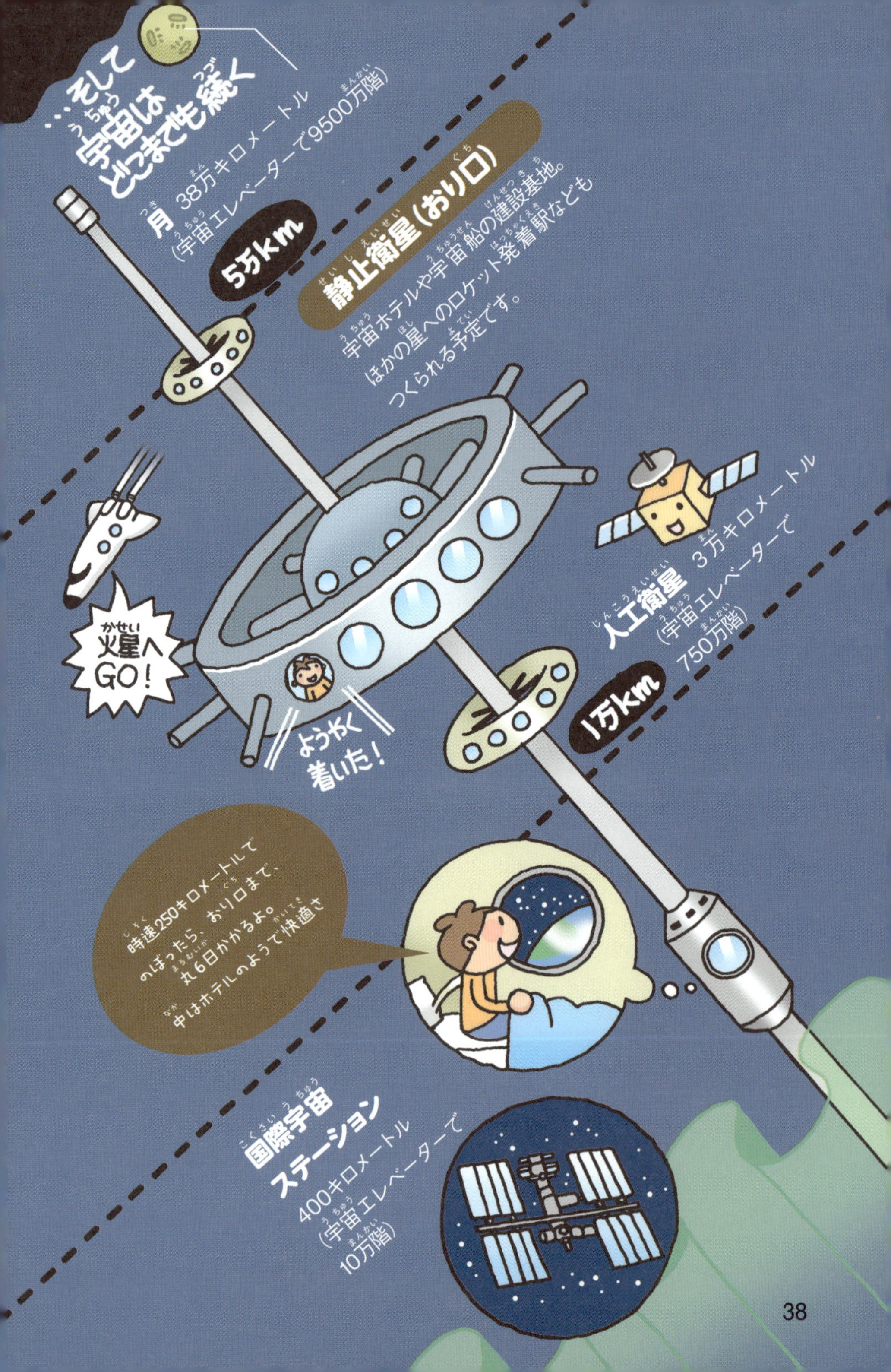
…そして宇宙《うちゅう》はどこまでも続《つづ》く
月《つき》 38万《まん》キロメートル
（宇宙《うちゅう》エレベーターで9500万階《まんかい》）
5万km
静止衛星《せいしえいせい》（おり口《ぐち》）
宇宙《うちゅう》ホテルや宇宙船《うちゅうせん》の建設基地《けんせつきち》。
ほかの星《ほし》へのロケット発着駅《はっちゃくえき》なども
つくられる予定《よてい》です。
火星《かせい》へGO！
ようやく着いた！
人工衛星《じんこうえいせい》 3万《まん》キロメートル
（宇宙《うちゅう》エレベーターで
750万階《まんかい》）
1万km
時速《じそく》250キロメートルで
のぼったら、おり口《ぐち》まで、
丸《まる》6日《むいか》かかるよ。
中《なか》はホテルのようで快適《かいてき》さ
国際宇宙《こくさいうちゅう》
ステーション
400キロメートル
（宇宙《うちゅう》エレベーターで
10万階《まんかい》）

地《ち》球《きゅう》のふしぎ

地球《ちきゅう》ってどんな星《ほし》なの？

わたしたちがくらしている星《ほし》、地《ち》球《きゅう》。みんなは地球《ちきゅう》がどんな星《ほし》なのか、考《かんが》えたことはありますか？

きせきの星《ほし》。地球《ちきゅう》はそうよばれることがあります。それは、地球《ちきゅう》には水《みず》があって、空気《くうき》があって、その中《なか》でさまざまな生《い》き物《もの》たちがいっしょにくらしているから。広《ひろ》い広《ひろ》い宇宙《うちゅう》の中《なか》で、ほかにこのような星《ほし》はまだ

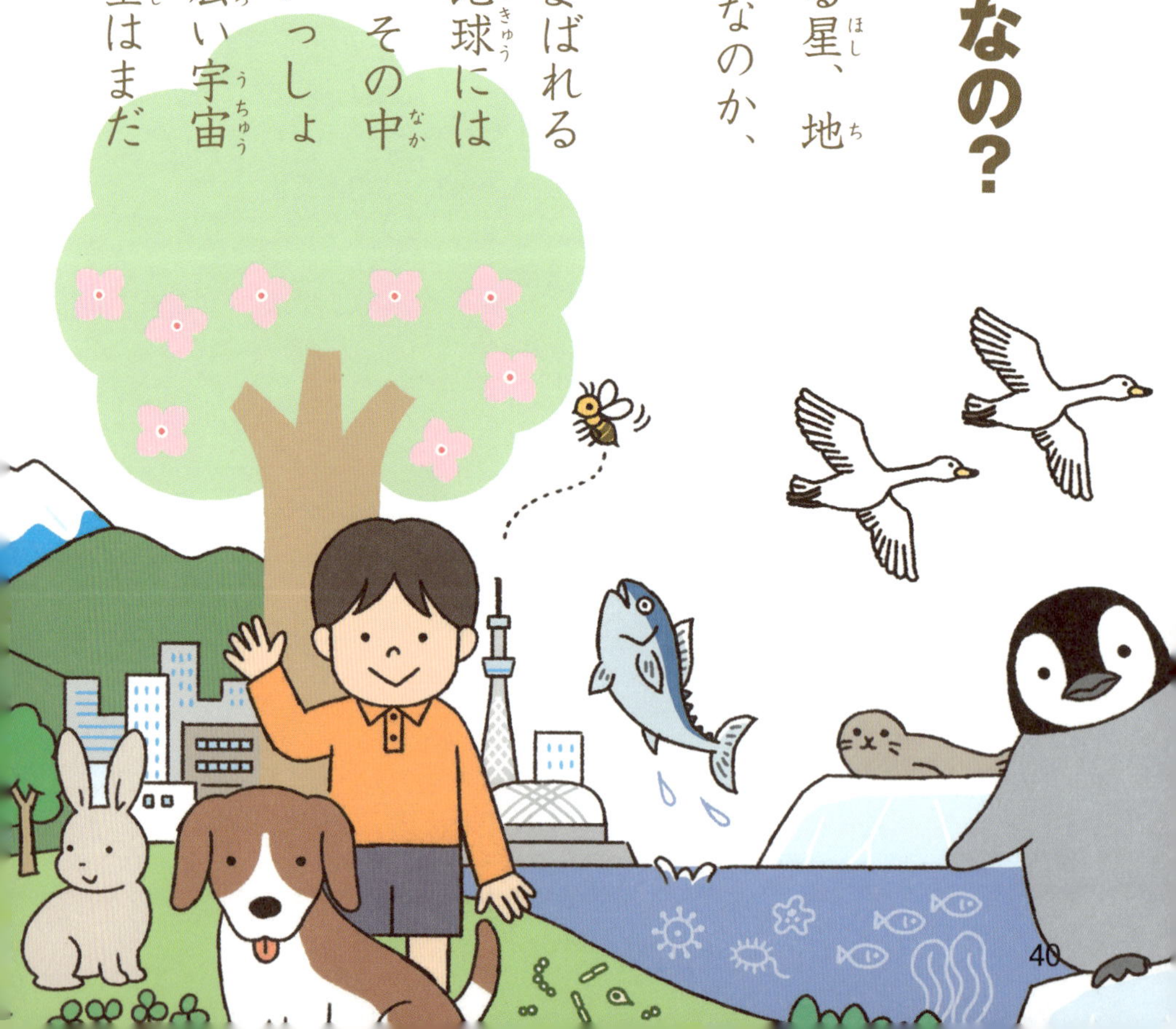

見《み》つかっていません。

では、地球《ちきゅう》のかんきょうをささえている水《みず》と空気《くうき》は、いったいどれくらいあるのでしょう？

じつは、たったこれだけです。

わたしたち生《い》き物《もの》は、わずかこれだけの量《りょう》をみんなで分《わ》かちあって生《い》きているのです。

地球《ちきゅう》は、少《すこ》しの水《みず》と空気《くうき》の中《なか》で、たくさんの生《い》き物《もの》たちがくらしている、すごい星《ほし》なのかもしれません。

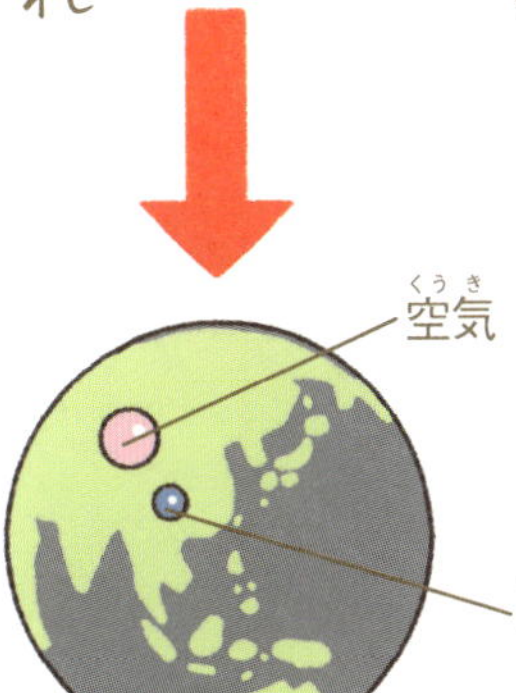

地球上《ちきゅうじょう》の水《みず》と空気《くうき》をすべて集《あつ》めると…

地球《ちきゅう》とくらべると小《ちい》さな水玉《みずたま》ぐらい。水《みず》や空気《くうき》は、地球《ちきゅう》の表面《ひょうめん》にうすくはりついているていどなのです。

地球《ちきゅう》をゆるがす大事件《だいじけん》！

地球《ちきゅう》は生《う》まれてから46億年《おくねん》がたちましたが、生《う》まれてからずっと平和《へいわ》だったわけではありません。地球上《ちきゅうじょう》の生《い》き物《もの》がほろんでしまうほどの大事件《だいじけん》が何度《なんど》もありました。どんな事件《じけん》があったのか、いっしょに調査《ちょうさ》してみましょう。

人類めつぼう
人類たんじょう
地球事件ぼ
地球たんじょう
太陽系ができるまで
宇宙のれきし
無の世界

事件《じけん》ファイル 01

氷《こおり》づけ事件《じけん》!

20億年前《おくねんまえ》、地球《ちきゅう》のすべてが氷《こおり》でおおわれてしまった。氷《こおり》のあつさは何《なん》と1キロメートル。海《うみ》もこおり、気温《きおん》はへいきんマイナス50度《ど》となり、生《い》き物《もの》のほとんどは死《し》んでしまったといわれている。地球《ちきゅう》をこおらせたはんにんは、シアノバクテリアという大昔《おおむかし》の生《い》き物《もの》という人《ひと》もいるが、はっきりとはわかっていない。

あつさ1キロメートル!
こおりづけ

シアノバクテリア
シアノバクテリアは、地球《ちきゅう》をあたためていたガスをすいこんで生《い》きていたようだ。このガスがうばわれたために、地球《ちきゅう》はこおってしまったのかもしれない…

事件《じけん》ファイル02

大《だい》ふん火《か》事件《じけん》!

2億《おく》5000万年前《まんねんまえ》、小《ちい》さな大陸《たいりく》がぶつかり、「パンゲア」というひとつの大《おお》きな大陸《たいりく》ができた。このとき、ものすごい力《ちから》でマグマがふき出《だ》し、大《だい》ふん火《か》へとつながった。空《そら》にまい上《あ》がったけむりは地球《ちきゅう》をおおい、ほとんどの生《い》き物《もの》がぜつめつしてしまったのだろう。

小《ちい》さな大陸《たいりく》が
ぶつかったしょうげきが、
地球《ちきゅう》の中心《ちゅうしん》にまでとどいて
マグマがふき出《だ》したようだ…

事件《じけん》ファイル03

いん石《せき》しょうとつ事件《じけん》!

6550万年前《まんねんまえ》、きょうりゅうが生《い》きていたころ、はば10キロメートルの大《おお》きな岩《いわ》のかけらが地球《ちきゅう》に落《お》ち、大《だい》ばくはつした。そのとき、たくさんのちりが空《そら》にまい上《あ》がって地球《ちきゅう》をつつみ、植物《しょくぶつ》はかれ、きょうりゅうもぜつめつしてしまった。

このきょうき、
遠《とお》い宇宙《うちゅう》から
やってきたようだな

これらの大事件を、生き物たちが
生きのびてきたからこそ、今のわたしたちがある

空《そら》の色《いろ》が変《か》わるのはどうして？

朝《あさ》や夕方《ゆうがた》に見《み》えるきれいなオレンジ色《いろ》、晴《は》れているときのさわやかな青色《あおいろ》……。空《そら》の色《いろ》がきれいだと、なんだか見《み》とれてしまいますね。

でも、どうして空《そら》の色《いろ》は変《か》わるのでしょう？

太陽《たいよう》の光《ひかり》

太陽《たいよう》の光《ひかり》は、7色《いろ》の光《ひかり》からできています。これらの光《ひかり》は、色《いろ》によってそれぞれ進《すす》み方《かた》がちがいます。

わたしは、赤《あか》い光《ひかり》！地球《ちきゅう》の空気《くうき》のそうを通《とお》るとき、空気《くうき》のつぶにぶつかりにくいから、長《なが》いきょりを進《すす》めるの！
ぼくは、青《あお》い光《ひかり》！地球《ちきゅう》の空気《くうき》のそうを通《とお》るとき、空気《くうき》のつぶにぶつかりやすいから、空《そら》いっぱいにちらばるよ！

空《そら》の色《いろ》はこうして変《か》わる！

太陽《たいよう》からやってきた7色《いろ》の光《ひかり》は、地球《ちきゅう》をつつむ空気《くうき》のそうを通《とお》って、わたしたちの目《め》に入《はい》ります。昼間《ひるま》と朝《あさ》や夕方《ゆうがた》では、光《ひかり》の色《いろ》によって、空気《くうき》のそうを進《すす》めるきょりがちがうので、空《そら》の色《いろ》は変《か》わって見《み》えます。

夕方《ゆうがた》

← 夜《よる》

昼《ひる》

空気《くうき》のそう

空気《くうき》のつぶ

地球《ちきゅう》の回転《かいてん》

朝《あさ》

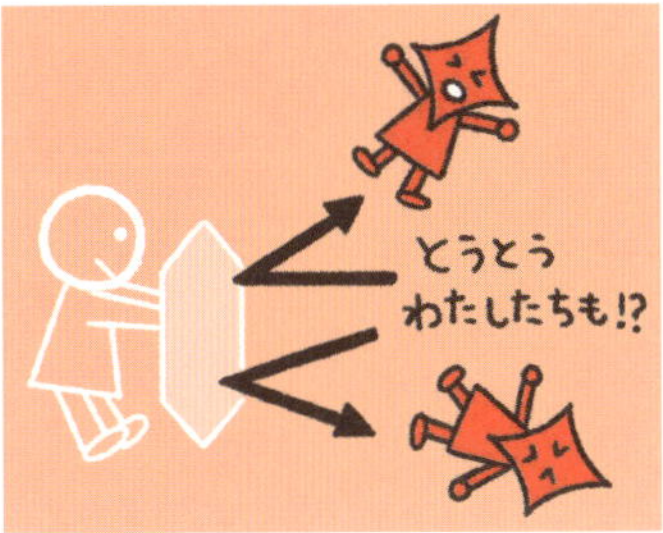

夕方《ゆうがた》の空《そら》

太陽《たいよう》の光《ひかり》は昼間《ひるま》とちがってななめから入《はい》るので、長《なが》いきょりを進《すす》みます。そのため、長《なが》く進《すす》める赤《あか》い光《ひかり》も、空気《くうき》のつぶにぶつかってちらばります。短《みじか》いきょりしか進《すす》めない青《あお》い光《ひかり》はわたしたちまでとどかず、たくさんの赤《あか》い光《ひかり》が目《め》に入《はい》るので、空《そら》が赤《あか》く見《み》えます。

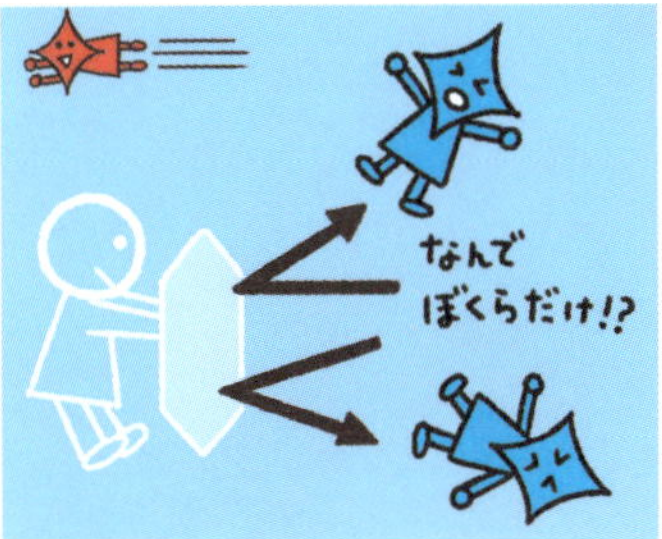

昼間《ひるま》の空《そら》

青《あお》い光《ひかり》は、空気《くうき》のつぶにぶつかって空《そら》じゅうにちらばります。そのため、たくさんの青《あお》い光《ひかり》がわたしたちの目《め》に入《はい》ります。

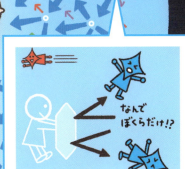

生《い》き物《もの》によってちがう色《いろ》の世界《せかい》

わたしたちのまわりにはたくさんの色《いろ》があります。これは、太陽《たいよう》の7色《いろ》の光《ひかり》がものに当《あ》たり、はねかえってわたしたちの目《め》に入《はい》ってくるからです。でも、動物《どうぶつ》によって見《み》ることができる光《ひかり》の色《いろ》の種類《しゅるい》はちがいます。それぞれの生《い》き物《もの》たちが見《み》ている景色《けしき》をのぞいてみましょう。

イヌの見《み》る世界《せかい》

耳《みみ》がよくて、においにもびんかんですが、目《め》はあまりよくありません。とくに、緑《みどり》や赤《あか》は茶色《ちゃいろ》っぽく見《み》えます。

ハムスターの見《み》る世界《せかい》

夜《よる》に起《お》きて活動《かつどう》するため、色《いろ》を区別《くべつ》する必要《ひつよう》がありません。白黒《しろくろ》でものを見《み》ています。

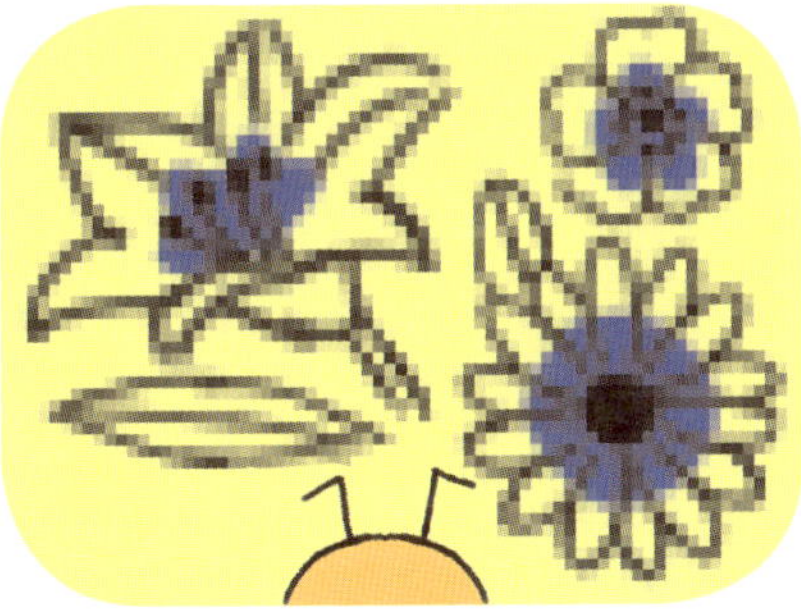

ミツバチの見《み》る世界《せかい》

小《ちい》さな目《め》が集《あつ》まっているため、点《てん》が集《あつ》まったように世界《せかい》が見《み》えます。花《はな》のみつのありかをしめす紫外線《しがいせん》が見《み》えます。

鳥《とり》の見《み》る世界《せかい》

太陽《たいよう》からやってくる「紫外線《しがいせん》」という光《ひかり》が見《み》えます。人間《にんげん》には見《み》えない光《ひかり》です。食《た》べごろのじゅくした実《み》は紫外線《しがいせん》をはねかえすため、鳥《とり》には、とても目立《めだ》って見《み》えます。

ヘビの見《み》る世界《せかい》

目《め》はあまり見《み》えませんが、ハブというヘビなどは、熱《ねつ》をもった生《い》き物《もの》から出《で》る「赤外線《せきがいせん》」を感《かん》じることができ、えものをとらえるのに役立《やくだ》ちます。

コウモリの見《み》る世界《せかい》

目《め》は見《み》えませんが、空気《くうき》をゆらす「超音波《ちょうおんぱ》」という音《おと》を出《だ》します。人間《にんげん》には聞《き》こえません。その音《おと》のはねかえりによって虫《むし》などをさがします。

オーロラはどうしてきれいなの？

空《そら》に美《うつく》しくうかぶオーロラ。これは、太陽《たいよう》からやってくる「太陽風《たいようふう》」という目《め》に見《み》えない電気《でんき》のつぶが、地球《ちきゅう》をつつむ空《くう》気中《きちゅう》の酸素《さんそ》やちっ素《そ》とぶつかったときに光《ひか》ったものです。

では、どうしてオーロラはきれいに見《み》えるのか、そのひみつをさぐってみましょう。

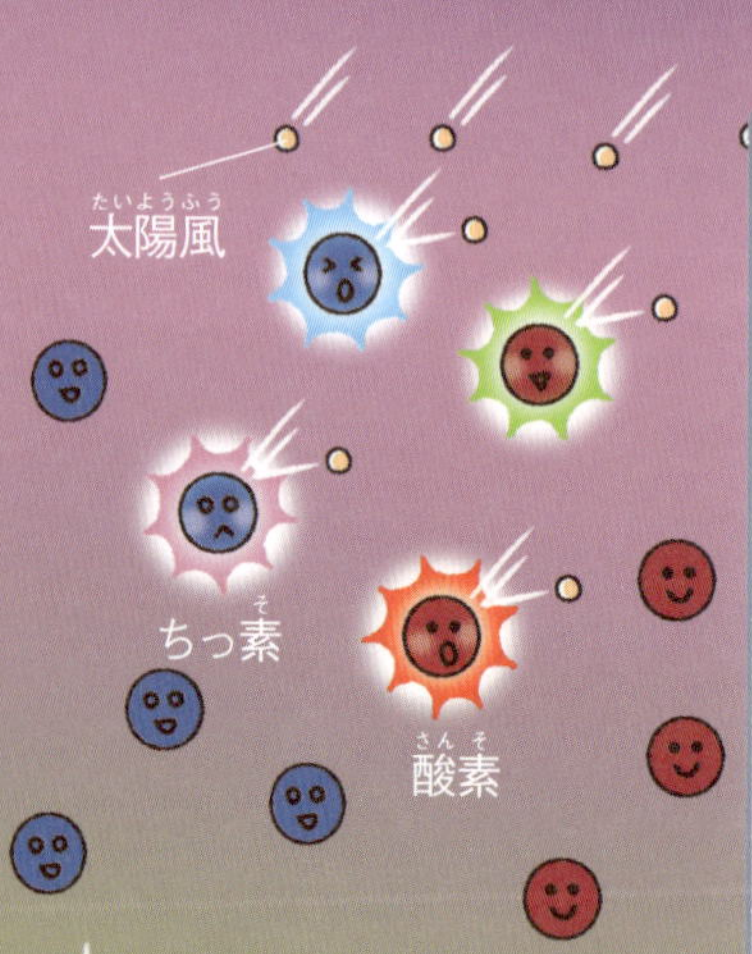

ひみつ①

いろいろな色《いろ》を生《う》み出《だ》すから、きれい！

オーロラは太陽風《たいようふう》の電気《でんき》のつぶと、空気中《くうきちゅう》にある酸素《さんそ》やちっ素《そ》のつぶがぶつかって光《ひか》ることであらわれます。酸素《さんそ》にぶつかると、緑《みどり》や赤《あか》のオーロラ、ちっ素《そ》にぶつかると青《あお》やピンクのオーロラがあらわれます。

オーロラを真下《ました》から見《み》ると…
空《そら》から光《ひかり》が
おりてきている
みたい…！

ひみつ②

カーテンのように ゆらゆらと動《うご》くからきれい！

空《そら》でゆれて見《み》えるオーロラですが、じっさいにオーロラが動《うご》いているわけではありません。イルミネーションの光《ひかり》のように、決《き》まった方《ほう》向《こう》にチカチカ光《ひか》ることで、まるでゆれているように見《み》えるのです。

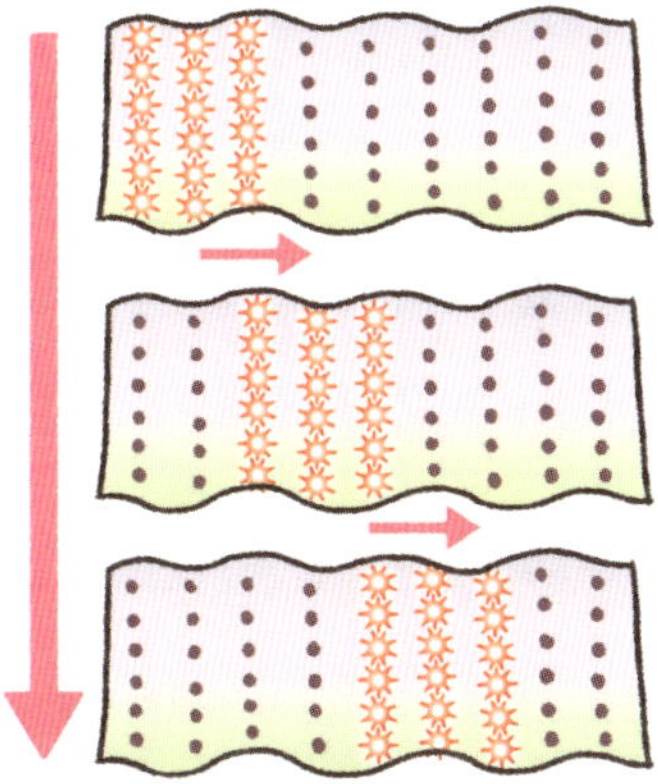

ひみつ③

かぎられた場所《ばしょ》でしか 見《み》られないから、きれい！

オーロラが美《うつく》しいと感《かん》じるのは、なかなか見《み》られないからかもしれません。太陽風《たいようふう》のつぶが引《ひ》きよせられる場所《ばしょ》は、「オーロラベルト」といわれ、北極《ほっきょく》や南極《なんきょく》に近《ちか》いちいきに広《ひろ》がっています。

太陽風《たいようふう》
オーロラベルト

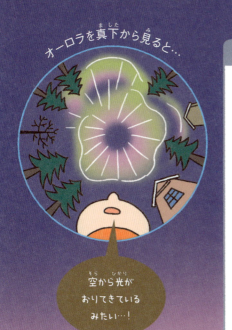

大《だい》パニックが起《お》こる!? 1000年《ねん》後《ご》の地球《ちきゅう》

オーロラを見《み》せてくれる太陽風《たいようふう》ですが、じつは体《からだ》や生活《せいかつ》に悪《わる》いえいきょうをあたえるものでもあります。この太陽風《たいようふう》から地球《ちきゅう》を守《まも》っているのが、地球《ちきゅう》がもつじしゃくの力《ちから》です。もしこのじしゃくの力《ちから》が弱《よわ》まってしまったら……。1000年《ねん》後《ご》の地球《ちきゅう》を見《み》てみましょう。

日本《にほん》でオーロラが見《み》える!?

太陽風《たいようふう》から地球《ちきゅう》を守《まも》っているじしゃくの力《ちから》が弱《よわ》まると、日本《にほん》上空《じょうくう》にも太陽風《たいようふう》がやってきます。そのため、太陽風《たいようふう》が日本上空《にほんじょうくう》の空気《くうき》のつぶとぶつかって、オーロラが見《み》えるようになるのです。

TK-TV
こちら、日本《にほん》では、太陽風《たいようふう》が地上《ちじょう》のあちこちにふりそそいでいます
弱《よわ》まっていく、地球《ちきゅう》を守《まも》るじしゃくの力《ちから》
太陽風《たいようふう》
じしゃくの力《ちから》
20XX年《ねん》
30XX年《ねん》

寒《さむ》くなる!?

太陽風《たいようふう》がげんいんで水《みず》のつぶが集《あつ》まり雲《くも》がふえ、太陽《たいよう》の光《ひかり》が地面《じめん》にとどかず、地球全体《ちきゅうぜんたい》が寒《さむ》くなります。

機械《きかい》がこわれる!?

太陽風《たいようふう》は電気《でんき》のつぶなので、電波《でんぱ》がみだれ、通信機器《つうしんきき》のこしょうが多《おお》くなり、飛行機《ひこうき》事故《じこ》などがふえます。

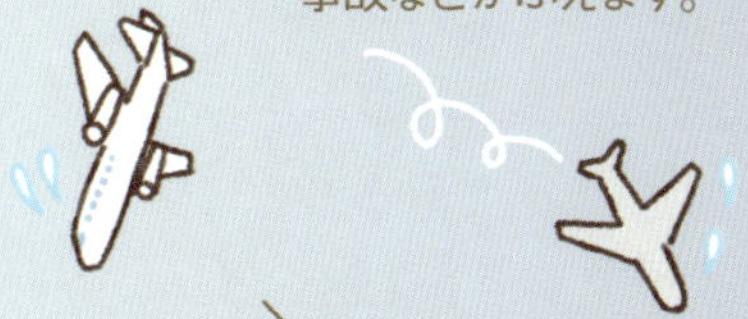

わたり鳥《どり》が方角《ほうがく》をまちがう!?

地球《ちきゅう》のじしゃくの力《ちから》をたよりに北《きた》や南《みなみ》へといどうするハクチョウなどのわたり鳥《どり》は、じしゃくの力《ちから》が弱《よわ》まると、いどうがむずかしくなります。

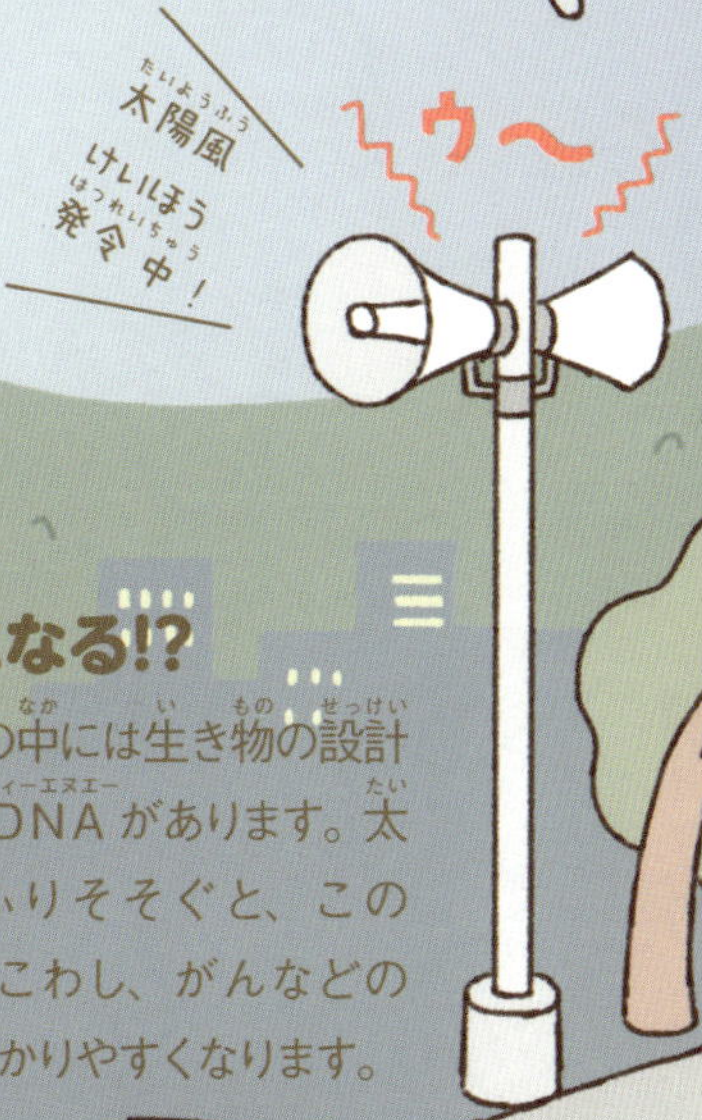

病気《びょうき》になる!?

さいぼうの中《なか》には生《い》き物《もの》の設計《せっけい》図《ず》であるDNA《ディーエヌエー》があります。太陽風《たいようふう》がふりそそぐと、このDNA《ディーエヌエー》をこわし、がんなどの病気《びょうき》にかかりやすくなります。

いずれ北《きた》と南《みなみ》が入《い》れかわる!?

じしゃくの力《ちから》が完全《かんぜん》になくなると、S極《きょく》とN極《きょく》が入《い》れかわるといわれています。地球《ちきゅう》ではこのような反転《はんてん》が360万年《まんねん》の間《あいだ》で11回《かい》も起《お》きています。そして今《いま》、じつは少《すこ》しずつじしゃくの力《ちから》は弱《よわ》まってきており、もしかしたら反転《はんてん》する日《ひ》も近《ちか》いかもしれません…。

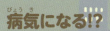

12星座《せいざ》に物語《ものがたり》があるって本当《ほんとう》？

星《ほし》うらないに出《で》てくる12星座《せいざ》には、神様《かみさま》やヒーローが大《だい》かつやくする物語《ものがたり》があります。みんなの星座《せいざ》には、どんな物語《ものがたり》があるのでしょうか？

わたしのかわいいペルセポネはどこ？
デメテル
むすめはいただいたぞ！
ペルセポネ
キャー
ハデス
ハハハハ

プログラム　おとめ座《ざ》の物語《ものがたり》

農業《のうぎょう》の女神《めがみ》デメテルには美《うつく》しいむすめ、ペルセポネがいました。ある日《ひ》、死《し》の国《くに》の王《おう》ハデスは、ペルセポネを自分《じぶん》のきさきにしようと、地《ち》の底《そこ》へ連《つ》れ去《さ》ってしまいます。母親《ははおや》のデメテルは、むすめがさらわれたことになげき悲《かな》しみました。

おとめ座《ざ》の物語《ものがたり》の続《つづ》き

デメテルの悲《かな》しみによって、地上《ちじょう》の作物《さくもつ》はかれてしまいました。そこで、これを見《み》かねた神様《かみさま》「ゼウス」が、ハデスにたのんでペルセポネを地上《ちじょう》に帰《かえ》してもらいました。デメテルは喜《よろこ》び、地上《ちじょう》にようやく緑《みどり》がもどりました。

ところが、ペルセポネは死《し》の国《くに》から地上《ちじょう》へ帰《かえ》るとちゅうザクロを4つぶ食《た》べたため、おきてによって1年《ねん》のうち4か月《げつ》は死《し》の国《くに》でくらすことになってしまいました。むすめのいない4か月《げつ》のあいだ、デメテルの悲《かな》しみで地上《ちじょう》は冬《ふゆ》になりました。これがもとで四季《しき》ができたのです。そしておとめ座《ざ》は、このデメテルがいなほをもったすがただといわれています。

おうし座《ざ》

ある日《ひ》、エウロペという美《うつく》しい王女《おうじょ》が花《はな》をつんでいました。それを見《み》たゼウスはいっしゅんで恋《こい》に落《お》ち、真《ま》っ白《しろ》な牛《うし》に化《ば》けて、エウロペを連《つ》れ去《さ》りました。のちにふたりはけっこんしました。この牛《うし》が星座《せいざ》になったのです。

エウロペ
ゼウス
遠《とお》くの島《しま》へ連《つ》れ去《さ》るぞ！

ふたご座《ざ》

神《かみ》ゼウスと人間《にんげん》の王女《おうじょ》の子《こ》、ふたごのカストルとポルックスは、国《くに》のヒーローでした。ある日《ひ》、カストルは争《あらそ》いの中《なか》で死《し》んでしまいます。ポルックスは自分《じぶん》も死《し》のうとしますが、人間《にんげん》の血《ち》をひくカストルとちがい、神《かみ》の血《ち》をもっていたため死《し》ねませんでした。ゼウスは、ポルックスの命《いのち》をカストルに分《わ》け、ふたりがずっといっしょにいられるようにしました。

おひつじ座《ざ》

まま母《はは》にいじめられていた王子《おうじ》プリクソスと王女《おうじょ》ヘレ。ふたりをかわいそうに思《おも》ったゼウスは、空飛《そらと》ぶ金《きん》のヒツジを送《おく》り、ふたりをまま母《はは》からにがしました。

カストル
ポルックス
神《かみ》よ！わたしをころしてくれ！

プリクソス
ヘレ

てんびん座《ざ》

神様《かみさま》が人《ひと》をつくりだしたころは平和《へいわ》な時代《じだい》でした。やがて人《ひと》の心《こころ》に悪《あく》がすみつき、争《あらそ》いがたえなくなりました。正義《せいぎ》の女神《めがみ》アストレアは善悪《ぜんあく》をてんびんにかけ、正《ただ》しい行《おこな》いを教《おし》えましたが、人《ひと》は争《あらそ》いをやめませんでした。アストレアは、なげきながら天上《てんじょう》へ帰《かえ》っていったのです。

かに座《ざ》

ヘラクレスは、ヒドラという化《ば》け物《もの》たいじに向《む》かいました。ヘラクレスをうらむ、まま母《はは》ヘラは、ヘラクレスをたおそうと大《おお》きなカニを放《はな》ちました。しかし、ヘラクレスはヒドラとの対決《たいけつ》に必死《ひっし》で、知《し》らずにカニをふみつけてしまいました。そんなカニをふびんに思《おも》ったヘラが星座《せいざ》にしたのです。

しし座《ざ》

ゼウスの子《こ》、ヘラクレスは、王《おう》の命令《めいれい》でライオンたいじに向《む》かいます。ライオンにつかみかかり3日3晩《みっかみばん》の大《だい》かくとうの末《すえ》、見事《みごと》にライオンをしとめました。このライオンが「しし」です。

テュポン
ケイロン
オリオン
ゼウスがわたしの
死《し》をいたんで、
天《てん》にあげて
くれたんだ……

いて座《ざ》

こしから下《した》が馬《うま》のすがたをしているケンタウロス族《ぞく》の中《なか》にケイロンという者《もの》がいました。かれはとてもかしこく、ゼウスの子《こ》、ヘラクレスの先生《せんせい》でした。

ある日《ひ》、ヘラクレスがケンタウロス族《ぞく》とはげしいケンカになったとき、ヘラクレスが放《はな》ったどくの矢《や》が、あやまってケイロンに当《あ》たってしまいました。神《かみ》の血《ち》をひき不死身《ふじみ》だったケイロンでしたが、あまりの苦《くる》しさに死《し》ぬことを選《えら》びました。

さそり座《ざ》

力持《ちからも》ちで、かりのうでもぴかいちだった、きょじん族《ぞく》のオリオン。「わたしは、世界一強《せかいいちつよ》い！」と大《おお》いばりでした。

それを聞《き》いた大地《だいち》の女神《めがみ》ガイアは「思《おも》い上《あ》がりだ！」とおこり、大《おお》サソリをオリオンのもとにおくりました。大《おお》サソリはオリオンをさし殺《ころ》し、その手《て》がらをひょうかされて天《てん》に上《あ》げられたのです。

みずがめ座《ざ》

ガニュメデスはとても美《うつく》しい王子《おうじ》でした。ゼウスは一目《ひとめ》で気《き》に入《い》り、オオワシにすがたを変《か》え、ガニュメデスを天上《てんじょう》へさらいました。ガニュメデスは、天上《てんじょう》で神様《かみさま》にお酒《さけ》のおしゃくをする仕事《しごと》をまかされました。

うお座《ざ》

川《かわ》のほとりのうたげに、愛《あい》と美《び》の女《め》神《がみ》アフロディテとその息子《むすこ》エロスも参加《さんか》していました。

かいぶつテュポンがあらわれたとき、親子《おやこ》は川《かわ》に飛《と》びこんで魚《さかな》に化《ば》けました。そしてはぐれないように1本《ぽん》のリボンでおたがいを結《むす》びつけ、ぶじににげることができました。この親《おや》子《こ》の愛《あい》をとどめるため、天《てん》に上《あ》げられたのでした。

やぎ座《ざ》

パンは、上半身《じょうはんしん》は人間《にんげん》で、下半身《かはんしん》はヤギのすがたの神様《かみさま》でした。

ある日《ひ》、川《かわ》のほとりでうたげを開《ひら》いていると、かいぶつテュポンがおそってきました。パンは、変身《へんしん》してにげようとしましたが、あわてたために、上半身《じょうはんしん》はヤギのすがた、下《か》半身《はんしん》は魚《さかな》のすがたになってしまいました。そのすがたがおもしろかったため、天《てん》に上《あ》げられました。

七夕《たなばた》の日《ひ》にお願《ねが》い事《ごと》をするのは、どうして？

七夕《たなばた》の日《ひ》には、人《ひと》びとは昔《むかし》からお願《ねが》い事《ごと》をしてきました。おりひめ星《ぼし》とよばれること座《ざ》のベガと、ひこ星《ぼし》とよばれるわし座《ざ》のアルタイルが、七夕《たなばた》の伝説《でんせつ》のもとになっています。

もともと伝説《でんせつ》の中《なか》でおりひめは、はたおりの名人《めいじん》でした。そのため、中国《ちゅうごく》の女性《じょせい》たちが、「おりひめのようにはたおりが上手《じょうず》になりますように」といのったのが、七夕《たなばた》でお願《ねが》い事《ごと》をするようになったはじまりです。

短《たん》ざくにお願《ねが》いを書《か》くようになったのは、江戸時代《えどじだい》ごろから。はじめは、おもに習字《しゅうじ》の上達《じょうたつ》を願《ねが》っていたようです。

そうめん

7月《がつ》7日《なのか》にそうめんのもととなった「さくべい」を食《た》べると健康《けんこう》にすごせるという言《い》い伝《つた》えがあり、のちに七夕《たなばた》にそうめんを食《た》べるようになりました。

七夕《たなばた》の伝説《でんせつ》

神様《かみさま》にはおりひめというむすめがいました。とても働《はたら》き者《もの》でしたが、ひこ星《ぼし》とけっこんすると、ふたりともなまけるようになってしまいました。神様《かみさま》はおこって、ふたりを天《あま》の川《がわ》の両岸《りょうぎし》にはなればなれにしました。しかしあまりにふたりが悲《かな》しむので、1年《ねん》に一度《いちど》、7月7日《がつなのか》だけは会《あ》うことをゆるしたのです。

じつはこんなにある! ささかざりの種類《しゅるい》

七夕《たなばた》の日《ひ》におりひめ、ひこ星《ぼし》へのささげものとして、ささや竹《たけ》を立《た》てたのがはじまりです。それにさまざまなかざりがついて、今《いま》の形《かたち》になりました。

ピアノうまくなりたい
じてんしゃにのれますように

千羽《せんば》づる
つるは長生《ながい》きする生《い》き物《もの》なので、かざることで家族《かぞく》の長生《ながい》きを願《ねが》います。

スイカ
食《た》べ物《もの》がたくさんとれるように願《ねが》います。

くずかご
「物《もの》をむだにしない」という意味《いみ》がこめられています。

短《たん》ざく
上達《じょうたつ》したいことを書《か》いてつるします。

ふきながし
はたおりの糸《いと》をあらわしていて、さいほうがうまくなることを願《ねが》います。

日本《にほん》の行事《ぎょうじ》「五節句《ごせっく》」

日本《にほん》は、春夏秋冬《しゅんかしゅうとう》という季節《きせつ》のうつり変《か》わりがはっきりしています。そこで、季節《きせつ》の変《か》わり目《め》である「節句《せっく》」に、家族《かぞく》でお祝《いわ》い事《ごと》をするさまざまな行事《ぎょうじ》があります。

きくの節句《せっく》（9月9日《がつここのか》）

薬草《やくそう》として使《つか》われていたきくの花《はな》を部屋《へや》にかざったり、きくの花《はな》びらをうかべたお酒《さけ》を飲《の》んだりして、悪《わる》い気《き》をはらい、長《なが》生《い》きを願《ねが》います。

七草《ななくさ》の節句《せっく》（1月7日《がつなのか》）

せり、なずな、ごぎょう、はこべら、ほとけのざ、すずな、すずしろの７種類《しゅるい》の草《くさ》をおかゆに入《い》れて食《た》べます。年《とし》のはじめに若《わか》い草《くさ》をつんで食《た》べることで、生命力《せいめいりょく》をもらい、１年間《ねんかん》、健康《けんこう》にすごせるように願《ねが》います。

ももの節句《せっく》
(3月《がつ》3日《みっか》)

ひな祭《まつ》りとして知《し》られています。女《おんな》の子《こ》の幸《しあわ》せをいのり、すこやかな成長《せいちょう》を願《ねが》います。ひな人形《にんぎょう》をかざるならわしは、自分《じぶん》の身代《みが》わりとなる人《にん》形《ぎょう》を川《かわ》に流《なが》して、体《からだ》を清《きよ》める「流《なが》しびな」という行事《ぎょうじ》がもとになっています。

たんごの節句《せっく》
(5月《がつ》5日《いつか》)

もとは、あくりょうを追《お》いはらってくれる草《くさ》「しょうぶ」のおふろに入《はい》って健康《けんこう》を願《ねが》ったり、のき先《さき》などにかざったりする行事《ぎょうじ》でした。こいのぼりを立《た》てるならわしは、男《おとこ》の子《こ》のたんじょうを世間《せけん》に知《し》らせたことがはじまりだといわれています。

七夕《たなばた》の節句《せっく》も合《あ》わせて、「五節句《ごせっく》」といわれています。

曜日《ようび》と星《ほし》って何《なに》か関係《かんけい》あるの？

一週間《いっしゅうかん》の曜日《ようび》のならびは、太陽《たいよう》とそのまわりを回《まわ》る星《ほし》のならびがもとになっています。

でも、太陽《たいよう》から近《ちか》い順《じゅん》で見《み》てみると、太陽《たいよう》（日《ひ》）、水星《すいせい》、金星《きんせい》、月《つき》、火星《かせい》、木星《もくせい》、土星《どせい》の順番《じゅんばん》です。どうして今《いま》の、月火水木金土日《げつかすいもくきんどにち》の順番《じゅんばん》になったのでしょうか？

今《いま》から３０００年《ねん》以上前《いじょうまえ》のこ

むかしの人《ひと》が考《かんが》えた
星《ほし》のならび
土星
木星
火星
太陽
金星
水星
月
地球
昔《むかし》は、地球《ちきゅう》が宇宙《うちゅう》の中心《ちゅうしん》にあると考《かんが》えられていたんだよと。星《ほし》は地球《ちきゅう》に近《ちか》い方《ほう》から順《じゅん》に、月《つき》、水星《すいせい》、金星《きんせい》、太陽《たいよう》、火星《かせい》、木《もく》星《せい》、土星《どせい》とならんでいて、それぞれが1時間《じかん》ごとに世《よ》の中《なか》をしはいすると信《しん》じられていました。そこで毎日《まいにち》、0時《じ》から1時間《じかん》ごとに星《ほし》をふりわけていき、0時《じ》にふりわけられた星《ほし》を、その日《ひ》を代表《だいひょう》する星《ほし》だと考《かんが》えるようになりました。

つまり、曜日《ようび》は昔《むかし》の人《ひと》のかんちがいから生《う》まれたのです。

時／日	0	1	2	3	4	5	6	7	8	9	10	11	12	13	14	15	16	17	18	19	20	21	22	23
1日目	土	木	火	日	金	水	月	土	木															
2日目	日	金	水	月	土	木	火	日																
3日目	月	土	木	火	日	金	水	月																
4日目	火	日	金	水	月	土	木	火																
5日目	水	月	土	木	火	日	金	水																
6日目	木	火	日	金	水	月	土	木																
7日目	金	水	月	土	木	火	日	金																

カレンダーの中身《なかみ》、大《だい》かいぼう！

みんなの楽《たの》しい予定《よてい》を書《か》きこむカレンダー。よく見《み》ると、月日《つきひ》や曜日《ようび》以外《いがい》にいろいろな言葉《ことば》や文字《もじ》が入《はい》っています。どんな意味《いみ》があるのか、カレンダーの中《なか》をのぞいてみましょう。

1年《ねん》の動物《どうぶつ》

こよみをあらわすのに使《つか》われました。12ひきの動物《どうぶつ》がいて、毎年変《まいとしか》わります。もとは方角《ほうがく》や時間《じかん》をあらわしていたようです。

20XX年
さる年
木 Thursday
金 Friday
土 Saturday
1 友引
始業式
がんばるぞー！
2 先負
3 仏滅
まーくん家で遊ぶ
8 先負
9 仏滅
10 大安
おばちゃん結婚式！
15 仏滅
16 大安
お月見!!の日
17 赤口
22 大安
秋分の日
23 赤口
24 先勝
29 赤口
30 先勝

1か月《げつ》の日数《にっすう》

昔《むかし》は太陽《たいよう》の動《うご》きではなく、月《つき》の満《み》ち欠《か》けから1か月《げつ》は29日《にち》、もしくは30日《にち》と決《き》められていました。しかしそれだと季節《きせつ》とこよみがずれていくので、太陽《たいよう》の動《うご》きをもとに、1か月《げつ》を30日《にち》か31日《にち》にしたという説《せつ》があります。

月《つき》や曜日《ようび》の名前《なまえ》

英語《えいご》の月《つき》の名前《なまえ》は、古代《こだい》ローマで使《つか》われていた月《つき》の名前《なまえ》がもとです。
また、英語《えいご》の曜日《ようび》の名前《なまえ》は

Sunday(日曜日《にちようび》)=sun(太陽《たいよう》)
Monday(月曜日《げつようび》)=moon(月《つき》)

を意味《いみ》し、それ以外《いがい》は、ヨーロッパの神様《かみさま》がもとになっているようです。

月《つき》の言葉《ことば》

昔《むかし》の日本《にほん》では、月《つき》ごとにちがった名前《なまえ》がありました。例《たと》えば、9月《がつ》の「長月《ながつき》」は、秋《あき》になって夜《よる》が長《なが》くなるという意味《いみ》があるといわれます。

9月 September 長月
日 Sunday
月 Monday
火 Tuesday
水
4 大安
5 赤口
6 先勝
社会科見学
おかし工場
7 友
11 赤口
お母さんと かいもの
12 先勝
13 友引
14
18 先勝
キャンプ!
19 友引
敬老の日
20 先負
21
25 友引
26 先負
27 仏滅
28

えんぎのよい日《ひ》と悪《わる》い日《ひ》

1か月《げつ》を5つにわけて、6日間《むいかかん》でひと回《まわ》りします。いちばんえんぎがよい日《ひ》を「大安《たいあん》」、悪《わる》い日《ひ》を「仏滅《ぶつめつ》」といいます。

先負《せんぶ》	先勝《せんしょう》	大安《たいあん》
仏滅《ぶつめつ》	友引《ともびき》	赤口《しゃっく》

季節《きせつ》のことば

太陽《たいよう》の高《たか》さを目安《めやす》に、1年《ねん》を24の季節《きせつ》にわけていました。秋分《しゅうぶん》の日《ひ》のような、より特別《とくべつ》な日《ひ》は、祝日《しゅくじつ》になっています。

月《つき》ってどんなところ?

月《つき》を見上《みあ》げると、ウサギがもちつきをしているみたい、なんてよくいわれますね。

でも、本当《ほんとう》に月《つき》にウサギがいるわけではありません。それどころか、地球《ちきゅう》とくらべて、いろんなものが「ない」場所《ばしょ》なのです。

月《つき》の広場《ひろば》

音《おと》が伝《つた》わらない!

月《つき》は地球《ちきゅう》とちがい、音《おと》を伝《つた》えるための空気《くうき》がありません。そのため、月《つき》では音《おと》が伝《つた》わりません。

月ライブ20XX
しーーん
しーーん

青空《あおぞら》がない！

空気《くうき》がなく、太陽《たいよう》の光《ひかり》がちらばらないので、空《そら》はいつまでも暗《くら》いままです。

重力《じゅうりょく》が大《おお》きくない！

月《つき》の重《おも》さは地球《ちきゅう》よりも軽《かる》く、重力《じゅうりょく》は地球《ちきゅう》の6分《ぶん》の1《いち》まで小《ちい》さくなります。そのため、月《つき》でジャンプすると地球《ちきゅう》より6倍高《ばいたか》く飛《と》べます。

風《かぜ》がふかない！

空気《くうき》がないため、風《かぜ》がふきません。もちろん雨《あめ》もふりません。

星《ほし》のかけらが落《お》ちたあとには、地面《じめん》に大《おお》きなあながてきます。しかも風《かぜ》がふかないため、あなの形《かたち》がずっとのこります。

星のかけらに注意！

小《ちい》さな星《ほし》のかけらがたくさんふってきます。地球《ちきゅう》では空気《くうき》のそうとぶつかってもえつきることが多《おお》いですが、空気《くうき》のない月《つき》では、そのまま落《お》ちてきます。

ちょうどよい温度《おんど》がない！

空気《くうき》がないので、太陽《たいよう》の熱《ねつ》を、さえぎったりたくわえたりすることができません。そのため、日《ひ》なたと日《ひ》かげの温度差《おんどさ》が200度以上《どいじょう》になります。

すぎていく景色《けしき》とついてくる月《つき》

歩《ある》いているときや電車《でんしゃ》に乗《の》ったとき、まわりの景色《けしき》は変《か》わっていくのに、月《つき》はずっとついてくるように見《み》えますね。これは、月《つき》がとても遠《とお》くにあるためです。

電車《でんしゃ》で一駅分《ひとえきぶん》乗《の》ったとしても、移動《いどう》したきょりは、地球《ちきゅう》から月《つき》までのきょりにくらべてとても短《みじか》いため、月《つき》から見《み》るとほとんど動《うご》いていないように見《み》えます。

電車《でんしゃ》のまどから見《み》た景色《けしき》

手前《てまえ》の景色《けしき》はどんどん変《か》わっていきます。

やってみよう

近《ちか》くと遠《とお》くの動《うご》きをくらべてみよう

みんなの目《め》の前《まえ》と、100メートルはなれたところで、それぞれだれかに右《みぎ》から左《ひだり》へ5歩《ほ》動《うご》いてもらいましょう。見《み》え方《かた》は、どうちがうでしょうか？

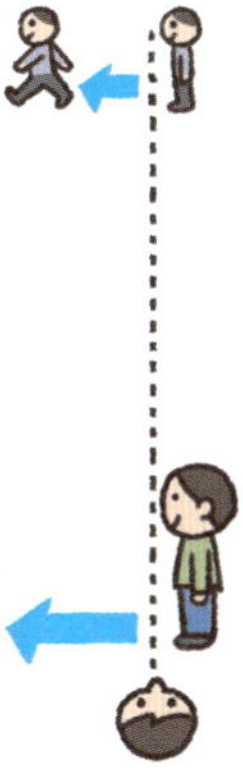

月《つき》は地球《ちきゅう》から38万《まん》キロメートルもはなれています。そのため、人《ひと》が少《すこ》し動《うご》いたぐらいでは月《つき》の見《み》える場所《ばしょ》はほとんど変《か》わらず、ずっとついてきているように見《み》えます。

月《つき》の見《み》える位置《いち》はほとんど変《か》わりません。

少《すこ》し遠《とお》い山《やま》の景色《けしき》はゆっくり変《か》わっていきます。

地球《ちきゅう》のふしぎ

じゃあもし月《つき》がなくなったらどうなるの？

月《つき》は、地球《ちきゅう》からいちばん近《ちか》い星《ほし》です。その月《つき》が、もしとつぜん消《き》えてしまったら、じつは地球《ちきゅう》にとんでもないことが起《お》こります。

あれ？
今日《きょう》は満月《まんげつ》のはずじゃ…？

とつぜん月《つき》がなくなったら…？
月《つき》が地球《ちきゅう》を引《ひ》っぱる力《ちから》によっておこる潮《しお》の満《み》ち引《ひ》きがなくなります。
潮干《しおひ》がりができなくなるだけじゃん
月明《つきあ》かりもなくなり、夜《よる》はいつも真《ま》っ暗《くら》。
かいちゅう電灯《でんとう》使《つか》えばいいじゃん
月《つき》を使《つか》った昔《むかし》のこよみがなくなって、もしかしたら七夕《たなばた》やひな祭《まつ》りがなくなるかもしれません。
別《べつ》に死《し》ぬほどこまるものでも…
8月
5日
(金)
8月
でも月《つき》がなくなるともっと大変《たいへん》なことが起《お》こります。わたしたちの命《いのち》にかかわるおそろしいできごとです。
そんなまさか…

異変《いへん》1
地球《ちきゅう》が大《おお》きくかたむく!
月《つき》がなくなると、地球《ちきゅう》がかたむいてふらふらとゆれてしまいます。それは、地球《ちきゅう》がいつも月《つき》の引《ひ》っぱる力《ちから》を利用《りよう》して、安定《あんてい》して回《まわ》っているから。角度《かくど》が1度《ど》でもずれると、地球《ちきゅう》の気候《きこう》が大《おお》きく変《か》わり、生《い》き物《もの》がくらせなくなるかもしれません。
ぐら
ぐら
南極《なんきょく》がさばくに!
さばくがこおりつく!
異変《いへん》2
地球《ちきゅう》が超高速回転《ちょうこうそくかいてん》!
地球《ちきゅう》は24時間《じかん》で1回転《かいてん》しています。月《つき》は地球《ちきゅう》を引《ひ》っぱることで回転《かいてん》の速《はや》さをおそめてくれています。その月《つき》がなくなると地球《ちきゅう》が高速回《こうそくかい》転《てん》して、1日《にち》が短《みじか》くなってしまいます。すると…
1日《にち》が8時間《じかん》に!
ぐるぐる
風速《ふうそく》80メートルのあらしがふきあれる!

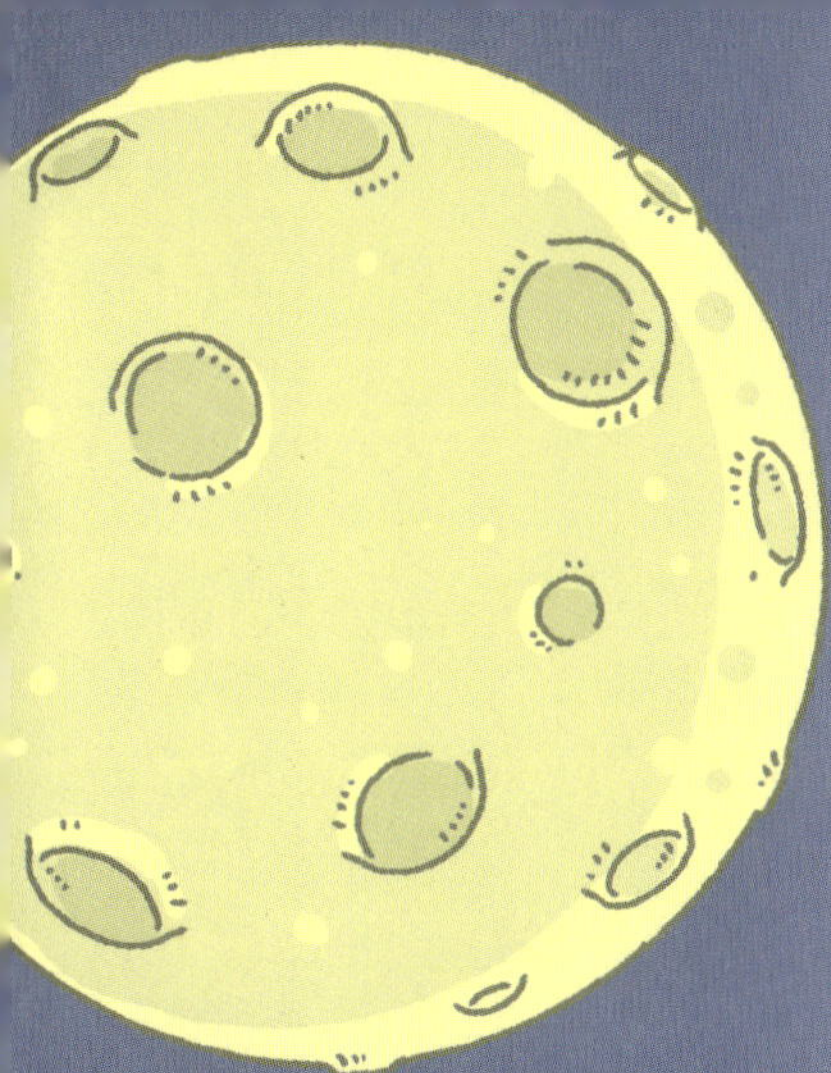

もし月《つき》が今《いま》より近《ちか》かったら…

地球《ちきゅう》が今《いま》よりずっと近《ちか》くにあったら、月《つき》の引《ひ》っぱる力《ちから》が強《つよ》くなり、海《うみ》の水《みず》が上《あ》がってきて、わたしたちの住《す》む街《まち》がしずんでいたでしょう。もしかしたら、今《いま》ごろわたしたちは水中都市《すいちゅうとし》に住《す》んでいたかも…。

月《つき》を愛《あい》した日本《にほん》の文化《ぶんか》

日本人《にほんじん》は月《つき》が大好《だいす》きです。美《うつく》しくかがやき、日《ひ》によってすがたを変《か》える月《つき》は、日本人《にほんじん》の心《こころ》に大《おお》きなえいきょうをあたえてきました。そんな月《つき》をめでてきた日本人《にほんじん》の文化《ぶんか》を見《み》てみましょう。

お月見《つきみ》

9月《がつ》の真《ま》ん中《なか》ころの満月《まんげつ》の日《ひ》におこないます。しゅうかくのお祝《いわ》いという意味《いみ》でだんごをそなえ、まよけのためにススキをかざります。月《つき》のもようが、月《つき》でウサギがもちをついているように見《み》えるとよくいわれます。

月言葉《つきことば》

月《つき》の明《あか》るさ、美《うつく》しさ、形《かたち》、満《み》ち欠《か》けなど、さまざまな月《つき》のようすをあらわした言葉《ことば》があります。

海外《かいがい》では？

満月《まんげつ》は、日本《にほん》では風流《ふうりゅう》でおだやかな気持《きも》ちにさせてくれますが、ヨーロッパでは不吉《ふきつ》なものとして考《かんが》えられています。化《ば》け物《もの》があらわれるのも、満月《まんげつ》の夜《よる》なのです。

竹取物語《たけとりものがたり》

竹《たけ》から生《う》まれたかぐや姫《ひめ》は、美《うつく》しい姫《ひめ》へと成長《せいちょう》します。しかし、けっこんの申《もう》しこみをすべてことわり、満月《まんげつ》の夜《よる》に月《つき》の都《みやこ》へと帰《かえ》ってしまうのです。

月《つき》は、美《うつく》しく心《こころ》ひかれるものでしたが、人《ひと》びとが手《て》に入《い》れることはできなかったので、もしかしたら手《て》に入《はい》らない月《つき》をかぐや姫《ひめ》にたとえたのかもしれませんね。

百人一首《ひゃくにんいっしゅ》

昔《むかし》の人《ひと》100人分《にんぶん》の歌《うた》をまとめたものを百人一首《ひゃくにんいっしゅ》といいます。その中《なか》には、月《つき》をよんだ歌《うた》が12もあり、自分《じぶん》の気持《きも》ちを月《つき》に見立《みた》てた歌《うた》も多《おお》くのこっています。

天《あま》の原《はら》　ふりさけ見《み》れば春日《かすが》なる
三笠《みかさ》の山《やま》に出《い》でし月《つき》かも
阿倍仲麿《あべのなかまろ》

意味《いみ》

遠《とお》くの東《ひがし》の空《そら》を見《み》れば、美《うつく》しい月《つき》がのぼっている。あの月《つき》は、ふるさとの三笠《みかさ》に出《で》ていた月《つき》と同《おな》じなのだなあ。

解説《かいせつ》

中国《ちゅうごく》へ留学《りゅうがく》していた阿倍《あべの》仲麿《なかまろ》が、日本《にほん》に帰《かえ》りたい気持《きも》ちをよんだ歌《うた》。

自由《じ》《ゆう》研究《けん》《きゅう》のススメ①

これでバッチリ!

「月《つき》」をテーマに短歌《たんか》をつくってみよう!

わたしたちのくらしにとても身近《みぢか》な「月《つき》」。千年以上《せんねんいじょう》も前《まえ》から日本《にほん》の人《ひと》びとは、月《つき》をテーマにした短歌《たんか》をたくさん残《のこ》しています。短歌《たんか》というのは、5・7・5・7・7の言葉《ことば》の組《く》み合《あ》わせでつくられた短《みじか》い歌《うた》のことです。

月《つき》をまじえた思《おも》い出《で》を短歌《たんか》にして、みんなの前《まえ》で発表《はっぴょう》してみましょう。

用意《ようい》するもの

・厚紙《あつがみ》 ・ペン ・はさみ

・えんぴつ ・色《いろ》えんぴつ

1 月《つき》をながめる

夜空《よぞら》を見上《みあ》げて、月《つき》をながめます。

そして、そのときの気持《きも》ちや月《つき》にまつわるできごとを思《おも》いうかべます。

また、今《いま》まで月《つき》を見《み》て感《かん》じたことなども思《おも》い出《だ》してみましょう。

まぶしい
光《ひかり》
月《つき》
明《あか》るい
かげ
ポチ
雲《くも》
星《ほし》

2 言葉《ことば》を思《おも》いうかべる

1で思《おも》いうかべたできごとや気持《きも》ちなどを言葉《ことば》にしてみましょう。短歌《たんか》は、言葉《ことば》を組《く》み合《あ》わせてつくるので、いろんな言葉《ことば》を考《かんが》えておくと、つくりやすくなります。

3 歌《うた》をつくる

思《おも》いうかべた言葉《ことば》のなかで、気持《きも》ちや景色《けしき》をぴったり表《あらわ》しているものを選《えら》んで、歌《うた》をつくりましょう。少《すこ》しくらいなら5や7に文字数《もじすう》が足《た》りなかったりあまったりしても問題《もんだい》ありません。

歌《うた》ができたら、はさみで厚紙《あつがみ》を長方《ちょうほう》形《けい》に切《き》ってから、歌《うた》を書《か》きましょう。絵《え》を入《い》れるのもいいですね。

月明《つきあ》かり
ポチといつもの散歩道《さんぽみち》
月《つき》のかげが
長《なが》くのびたよ

4 歌会《うたかい》を開《ひら》く

短歌《たんか》を厚紙《あつがみ》に書《か》き終《お》わったら、友《とも》だちや家族《かぞく》といっしょに歌会《うたかい》を開《ひら》きます。

歌会《うたかい》は、ただ歌《うた》をよみあげるだけではありません。なぜそのような歌《うた》をつくったのか、気持《きも》ちを伝《つた》えることも大切《たいせつ》です。

また、歌会《うたかい》に参加《さんか》した人《ひと》からはその歌《うた》を聞《き》いてどのような景色《けしき》がうかんだのか、感想《かんそう》も聞《き》いてみましょう。

満月《まんげつ》がとても明《あか》るくて自分《じぶん》の長《なが》いかげができたことに感動《かんどう》した気持《きも》ちを歌《うた》にしました
この歌《うた》は、お父《とう》さんといっしょにポチの散歩《さんぽ》に行《い》ったときのものです

太陽《たいよう》と惑星《わくせい》のふしぎ

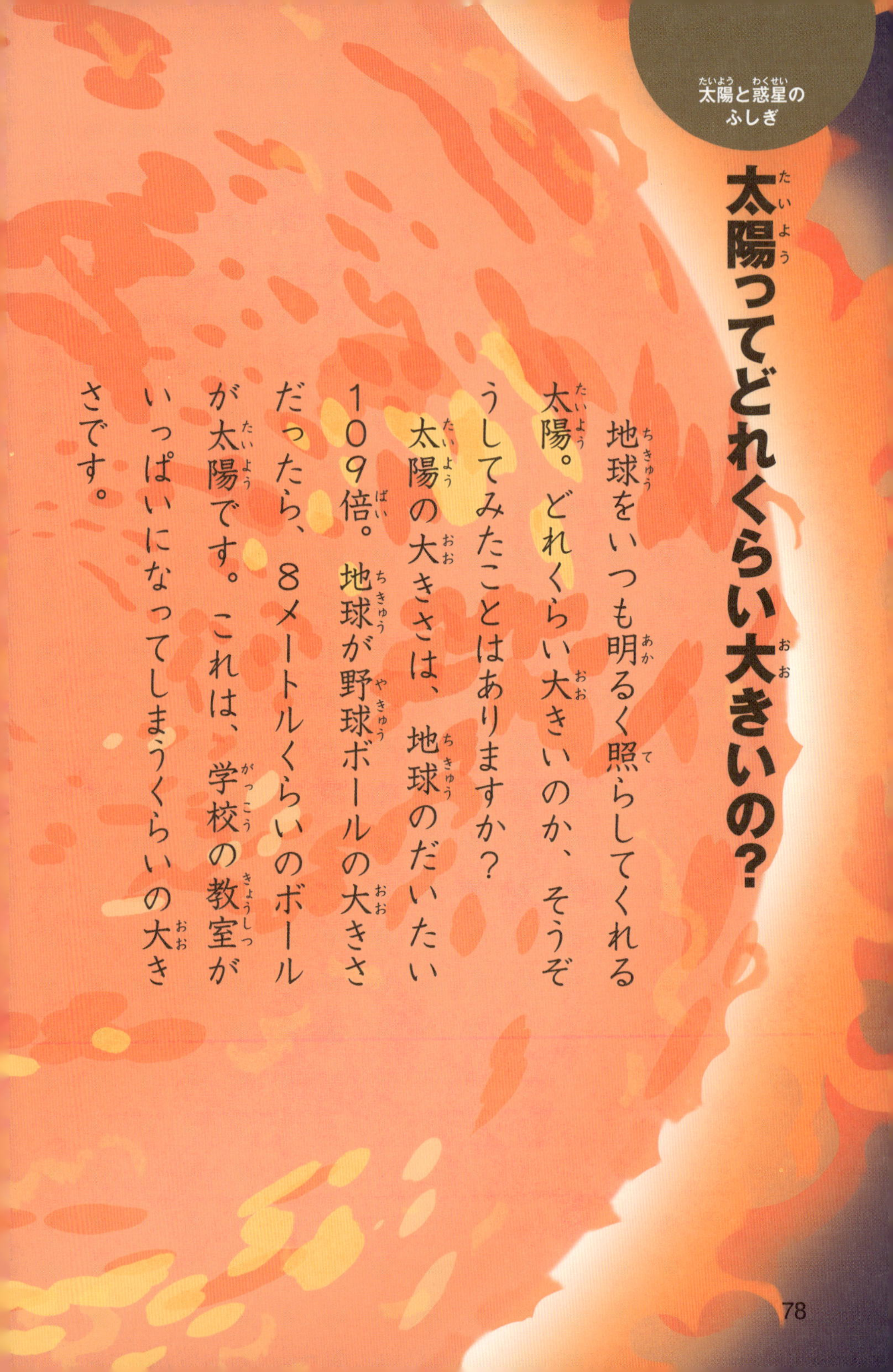

太陽《たいよう》ってどれくらい大《おお》きいの？

地球《ちきゅう》をいつも明《あか》るく照《て》らしてくれる太陽《たいよう》。どれくらい大《おお》きいのか、そうぞうしてみたことはありますか？

太陽《たいよう》の大《おお》きさは、地球《ちきゅう》のだいたい１０９倍《ばい》。地球《ちきゅう》が野球《やきゅう》ボールの大《おお》きさだったら、８メートルくらいのボールが太陽《たいよう》です。これは、学校《がっこう》の教室《きょうしつ》がいっぱいになってしまうくらいの大《おお》きさです。

太陽《たいよう》の中《なか》はどうでしょうか。もし太《たい》陽《よう》の中《なか》に地球《ちきゅう》をぎっしりつめこんだら……なんと地球《ちきゅう》が１０００００こ以《い》上《じょう》も入《はい》る大《おお》きさに！

そして太陽《たいよう》がすごいのは、大《おお》きさだけではありません。地球《ちきゅう》をあたためてくれる光《ひかり》や熱《ねつ》の量《りょう》も、すごいのです。

太陽《たいよう》の表面《ひょうめん》には、ほのおのようなガスがふき上《あ》がっています。このガスは、ときどき太陽《たいよう》の大《おお》きさの半分以上《はんぶんいじょう》の高《たか》さにまで立《た》ち上《のぼ》ることがあります。表面《ひょうめん》のガスだけで、地球《ちきゅう》が60こも70こもすっぽり入《はい》ってしまう高《たか》さです。

上《うえ》には上《うえ》がいる！ 太陽《たいよう》の大《おお》きさくらべ

地球《ちきゅう》とくらべものにならないくらい大《おお》きい太陽《たいよう》。いちばん大《おお》きな星《ほし》だと思《おも》いきや、じつは上《うえ》には上《うえ》がいたのです。その星《ほし》の正体《しょうたい》とは!?

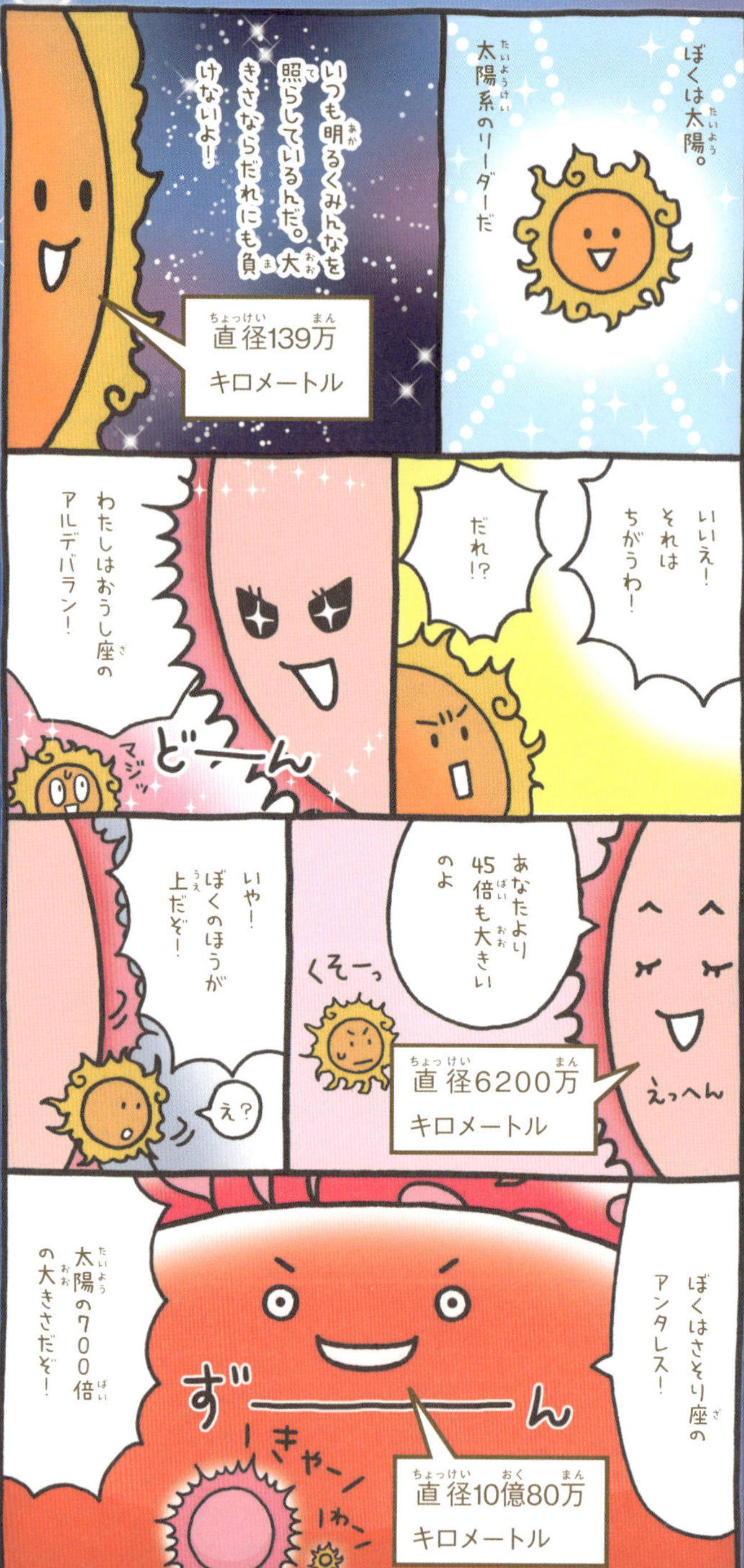

ずっとわたしが
いちばんだと
思《おも》っていたのに…
ガーン
ガーン
ショック!
もっと大《おお》きな星《ほし》
がいたのね…
ユラリ…
まだまだ
あまいぞ
ゴゴゴゴ
わたしの名《な》は
はくちょう座《ざ》V1489星《せい》。
遠《とお》い宇宙《うちゅう》から
やってきた…
ひ〜〜〜
太陽《たいよう》の
1650倍《ばい》の
大《おお》きさだぞ
注)太陽《たいよう》
直径《ちょっけい》23億《おく》
キロメートル

もし、飛行機《ひこうき》でV1489星《せい》を1周《しゅう》すると、
1030年《ねん》かかります。

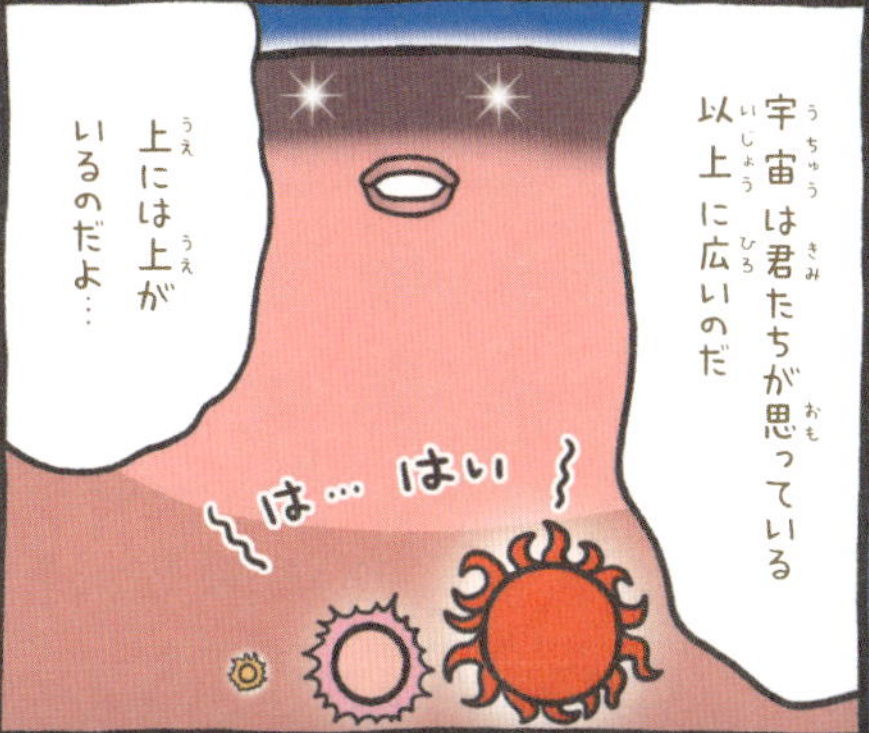
宇宙《うちゅう》は君《きみ》たちが思《おも》っている
以上《いじょう》に広《ひろ》いのだ
上《うえ》には上《うえ》が
いるのだよ…
〜は…はい〜

いかがでしたか? 宇宙《うちゅう》のかなたには、これらの星《ほし》を上回《うわまわ》る大《おお》きさの星《ほし》があるかもしれません。太陽《たいよう》が大《おお》きいというのは、わたしたちがくらす地球《ちきゅう》やそのまわりの星《ほし》たちとくらべた場合《ばあい》。広《ひろ》い宇宙《うちゅう》の中《なか》で見《み》ると、太陽《たいよう》もすなつぶくらい小《ちい》さなそんざいなのです。

どうして太陽《たいよう》はまぶしいの？

天気《てんき》がいいときに空《そら》を見上《みあ》げると、とてもまぶしく感《かん》じますね。太陽《たいよう》が、いきおいよくもえているからでしょうか。

でも、ものがもえるには空気《くうき》が必要《ひつよう》なので、空気《くうき》のない宇宙《うちゅう》ではものはもえません。そう、太陽《たいよう》はもえているわけではないのです。

太陽《たいよう》の中《なか》をのぞいてみると、星《ほし》の材料《ざいりょう》である水素《すいそ》がたくさん入《はい》っています。水素《すいそ》とは宇宙《うちゅう》にたくさんある目《め》に見《み》えない小《ちい》さなつぶ

太陽《たいよう》の中《なか》には水素《すいそ》がぎゅうぎゅうづめになって、いたるところでくっつきあっています。
水《すい》素《そ》
水素《すいそ》が変身《へんしん》するのは太陽《たいよう》の中《なか》だけじゃないよ！自分《じぶん》で光《ひか》っているほかの星《ほし》も同《おな》じなんだ
太《たい》陽《よう》

のことで、わたしたちの体《からだ》もつくっています。じつはこの水素《すいそ》は、くっつくと変身《へんしん》するせいしつがあります。そして変身《へんしん》したときに、光《ひかり》や熱《ねつ》が大量《たいりょう》に生《う》まれます。太陽《たいよう》がまぶしいのは、この変身《へんしん》のためだったのです。

中《なか》ではこんなことが起《お》こっていた!

太陽《たいよう》から地球《ちきゅう》にとどくたくさんの光《ひかり》や熱《ねつ》は、ただまぶしいだけではなく、生《い》き物《もの》たちが生《い》きるみなもとになっています。わたしたちの生活《せいかつ》にどんなふうに役《やく》立《だ》っているのか、見《み》てみましょう。

地球《ちきゅう》をあたためる

太陽《たいよう》の光《ひかり》や熱《ねつ》は、地球全体《ちきゅうぜんたい》を生《い》き物《もの》が生《い》きられるくらいのちょうどよい温度《おんど》にあたためています。

植物《しょくぶつ》を育《そだ》てる

植物《しょくぶつ》は太陽《たいよう》の光《ひかり》や熱《ねつ》を体《からだ》にとりこみ、体《からだ》の中《なか》で栄養《えいよう》をつくり出《だ》し、成《せい》長《ちょう》します。

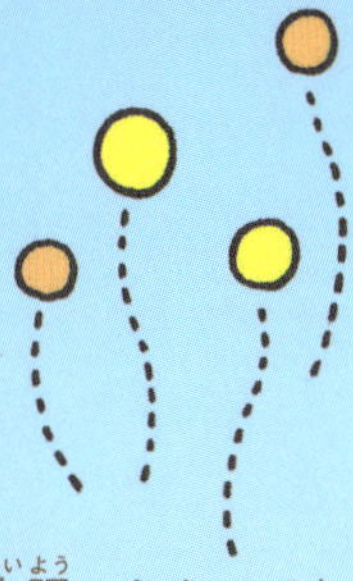

電気《でんき》をつくる

特別《とくべつ》な電池《でんち》を使《つか》って、太《たい》陽《よう》の光《ひかり》や熱《ねつ》から電気《でんき》をつくることができます。

太陽《たいよう》からやってきた熱《ねつ》の一部《いちぶ》は、宇宙《うちゅう》へとにげていきます。

雨《あめ》をふらせる

海《うみ》などの水《みず》が太陽《たいよう》の熱《ねつ》であたためられると、目《め》に見《み》えない水《みず》のつぶになり、空《そら》へのぼります。これが集《あつ》まって雲《くも》になり、雨《あめ》をふらせます。

心《こころ》を元気《げんき》にする

太陽《たいよう》の光《ひかり》をあびることで、元気《げんき》になったり幸《しあわ》せな気持《きも》ちになったりします。これは、体《からだ》の中《なか》にある、心《こころ》を健康《けんこう》にしてくれる物質《ぶっしつ》がたくさんつくられるためだといわれています。

せんたくもの
やふとんは、
太陽《たいよう》のおかげで
ふかふか!

風《かぜ》や波《なみ》を起《お》こす

太陽《たいよう》によってあたためられた場所《ばしょ》と、光《ひかり》が当《あ》たらない冷《つめ》たい場所《ばしょ》ができると、冷《つめ》たい場所《ばしょ》からあたたかい場所《ばしょ》へ風《かぜ》がふきます。また風《かぜ》がふくことで波《なみ》も起《お》きます。

人《ひと》の心《こころ》のよりどころ～太陽《たいよう》～

人間《にんげん》は、遠《とお》い昔《むかし》から太陽《たいよう》の光《ひかり》や熱《ねつ》を受《う》けとって生《い》きてきました。そのため、太陽《たいよう》はとても大切《たいせつ》で、ありがたいものだと考《かんが》えられてきました。世界中《せかいじゅう》の人《ひと》が、太陽《たいよう》を神様《かみさま》とあがめており、さまざまな国《くに》にそれぞれの太陽《たいよう》の神様《かみさま》がいます。

いけにえ
ありがたく
いただくよ

アマテラス

日本《にほん》の神様《かみさま》。昔《むかし》から稲作《いなさく》をしている日本《にほん》では、太陽《たいよう》は植物《しょくぶつ》を成長《せいちょう》させる大切《たいせつ》なそんざいでした。アマテラスは、悪《わる》さをする弟《おとうと》におこり、天岩戸《あまのいわと》にかくれて世界《せかい》を暗《くら》くした神話《しんわ》があります。

インティ

南《みなみ》アメリカのインカ帝国《ていこく》の神様《かみさま》。太陽《たいよう》が出《で》ている時間《じかん》が1年《ねん》でいちばん短《みじか》くなる冬至《とうじ》の日《ひ》に、太陽《たいよう》が人間《にんげん》のもとにもどってきてほしいという願《ねが》いをこめて、動物《どうぶつ》のいけにえをささげていました。

ヘリオス

ギリシャの神様《かみさま》。馬車《ばしゃ》に乗《の》り、東《ひがし》の空《そら》から西《にし》の空《そら》に向《む》かって、長《なが》い時間《じかん》をかけて走《はし》り続《つづ》けています。つねに空《そら》から地上《ちじょう》を見《み》ているため、世《よ》の中《なか》のすべてを見通《みとお》しています。

ラー

エジプトの神様《かみさま》。朝《あさ》、東《ひがし》の空《そら》からのぼり、夕方《ゆうがた》西《にし》の空《そら》にしずんでいく、1日《にち》のうちに、死《し》と再生《さいせい》をくりかえす不死《ふし》のそんざいです。

大日如来《だいにちにょらい》

インドから、中国《ちゅうごく》や日本《にほん》に伝《つた》わった仏様《ほとけさま》。「大日《だいにち》」とは、昼夜《ちゅうや》をとわず、かげをつくらず、平等《びょうどう》にわたしたちを照《て》らすことから、「太陽《たいよう》をこえる」という意味《いみ》があります。

太陽系《たいようけい》って、何《なに》？

太陽《たいよう》のまわりにはさまざまなとくちょうをもった星《ほし》がたくさんあって、その星《ほし》たちをまとめて太陽系《たいようけい》とよんでいます。とくに、太陽《たいよう》のまわりを回《まわ》る8つの星《ほし》を惑星《わくせい》といって、地球《ちきゅう》もそのひとつなのです。

生命《せいめい》がある星《ほし》として注目《ちゅうもく》されているよ。地球《ちきゅう》からたくさん探査機《たんさき》がおくられているのさ
火星《かせい》
天王星《てんのうせい》
昔《むかし》、大《おお》きな岩《いわ》がしょうとつしてきて、それいらい、横《よこ》だおしになってますのや
地球《ちきゅう》
月《つき》
生命《せいめい》があることがわかっているたったひとつの星《ほし》だよ。衛星《えいせい》の月《つき》ちゃんといつもいっしょ！

太陽系《たいようけい》の惑星《わくせい》の中《なか》で、いちばん大《おお》きな星《ほし》よ。重《おも》さはだいたい、地球《ちきゅう》の300倍《ばい》くらいなの
太陽系《たいようけい》のいちばん外側《そとがわ》を回《まわ》ってんねん。ごっつ寒《さむ》くていつも顔色悪《かおいろわる》いわ～
木星《もくせい》
海王星《かいおうせい》
太陽《たいよう》のいちばん近《ちか》くを回《まわ》ってるよ。表面《ひょうめん》がでこぼこしているのがなやみなんだ…
金星《きんせい》
土星《どせい》
水星《すいせい》
太陽系《たいようけい》の中《なか》で、いちばん明《あか》るくかがやいているのよ！
美《うつく》しいわっかがじまんだよ。望遠鏡《ぼうえんきょう》でもしっかり見《み》ることができるんだ！

太陽系《たいようけい》オリンピックへようこそ！

惑星《わくせい》は、大《おお》きかったり、小《ちい》さかったり、暑《あつ》かったり、寒《さむ》かったりと、さまざまなとくちょうをもっています。ここでは太陽《たいよう》系《けい》の惑星《わくせい》たちがオリンピックに参加《さんか》しているようです。競技《きょうぎ》の様子《ようす》をのぞいてみましょう。

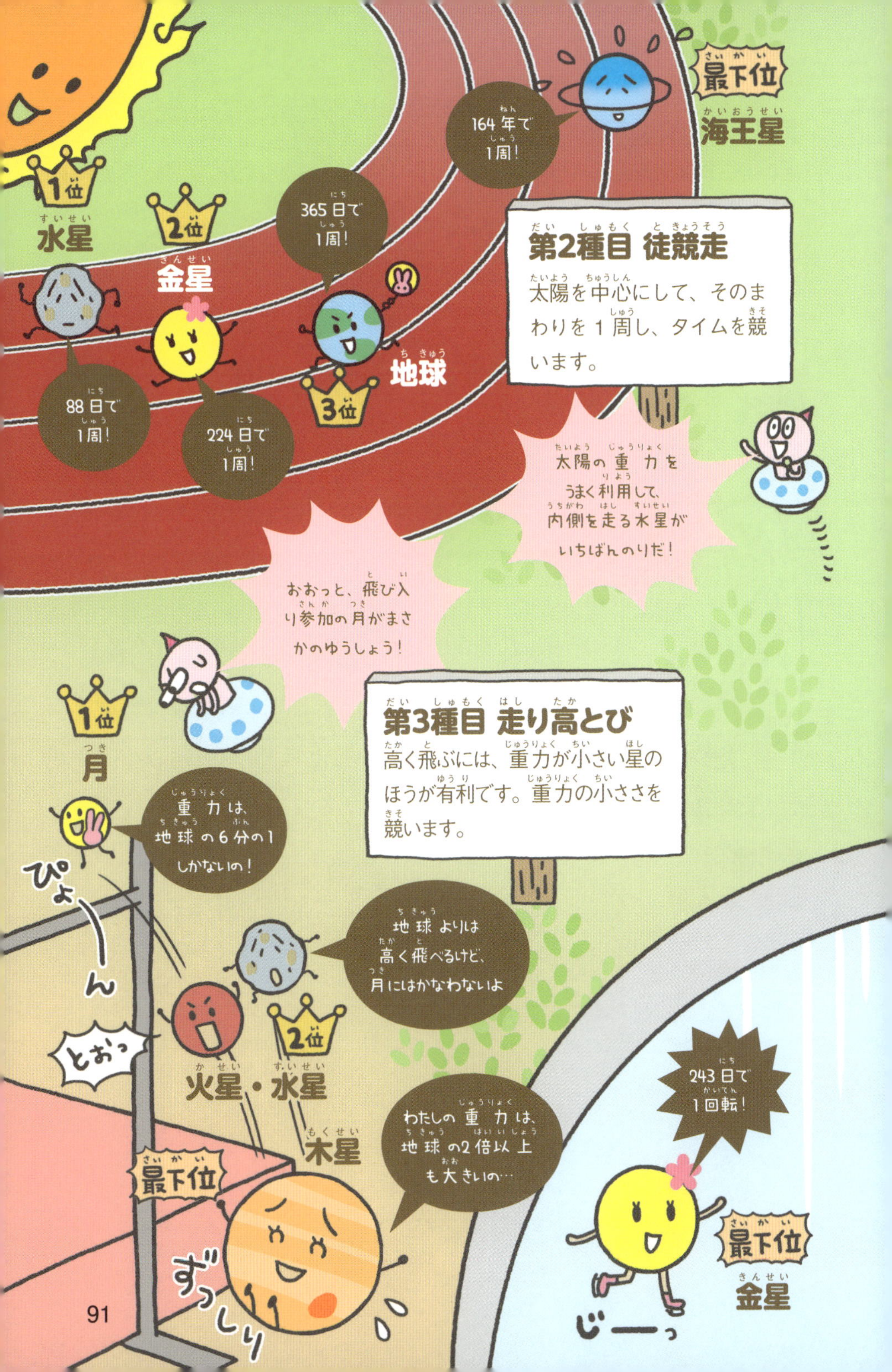

第《だい》2種目《しゅもく》 徒競走《ときょうそう》

太陽《たいよう》を中心《ちゅうしん》にして、そのまわりを1周《しゅう》し、タイムを競《きそ》います。

第《だい》3種目《しゅもく》 走《はし》り高《たか》とび

高《たか》く飛《と》ぶには、重力《じゅうりょく》が小《ちい》さい星《ほし》のほうが有利《ゆうり》です。重力《じゅうりょく》の小《ちい》ささを競《きそ》います。

第4種目《だいしゅもく》 水泳《すいえい》
水《みず》の中《なか》でどれだけういていられるかを競《きそ》います。
1位《い》
土星《どせい》
たすけてー
リタイア
土星《どせい》いがいの惑星《わくせい》は、水《みず》より重《おも》たく、すべてしずみます。
惑星《わくせい》の中《なか》でゆいいつ水《みず》より軽《かる》い土星《どせい》のひとり勝《が》ちだ～！
メインスタジアム
リタイア
水星《すいせい》・金星《きんせい》
わたしたち衛星《えいせい》持《も》ってないの
第5種目《だいしゅもく》
衛星玉入《えいせいたまい》れ
惑星《わくせい》のまわりを回《まわ》っている衛星《えいせい》の数《かず》を競《きそ》います。
決着《けっちゃく》つかず…
土星《どせい》
木星《もくせい》
衛星《えいせい》は、今《いま》も探査機《たんさき》によってつぎつぎ見《み》つかっているので、勝敗《しょうはい》はつけられないようです！
木星《もくせい》も土星《どせい》も、60こ以上《いじょう》の衛星《えいせい》をもっています。

第《だい》7種目《しゅもく》
寒《さむ》さくらべ
惑星《わくせい》の寒《さむ》さを競《きそ》います。
1位
海王星《かいおうせい》
へいきん マイナス200度《ど》やでー!
へいきん マイナス140度《ど》なんだ
2位
天王星《てんのうせい》
へいきん マイナス195度《ど》やで
3位
土星《どせい》
第《だい》6種目《しゅもく》
暑《あつ》さくらべ
惑星《わくせい》の暑《あつ》さを競《きそ》います。
へいきん460度《ど》よ!
1位
金星《きんせい》
へいきん180度《ど》だよ
へいきん15度《ど》だよ
2位
水星《すいせい》
3位
地球《ちきゅう》
こちらはコンテスト会場《かいじょう》です! それぞれの惑星《わくせい》のアピールポイントを聞《き》いてみましょう!
くらしやすい星《ほし》コンテスト
地球《ちきゅう》
生《い》き物《もの》がたくさんくらしているよ!
火星《かせい》
しょうらいは、人間《にんげん》がうつりすめるかもしれないんだ!
美《うつく》しい星《ほし》コンテスト
わたしがいちばんキラキラかがやいているわ!
金星《きんせい》
しましまもようがポイントよ!
木星《もくせい》
このわっかは太陽系一《たいようけいいち》おしゃれ!
土星《どせい》

となりの星《ほし》は、どれくらいはなれているの？

宇宙《うちゅう》は、とてつもないスケールで広《ひろ》がっていて、となりの星《ほし》といっても、じっさいはものすごく遠《とお》くにあります。もしも宇宙《うちゅう》のサイズをちぢめて、地球《ちきゅう》をビー玉《だま》くらいの大《おお》きさにしたら、ほかの星《ほし》とのきょりは下《した》の絵《え》のようになります。

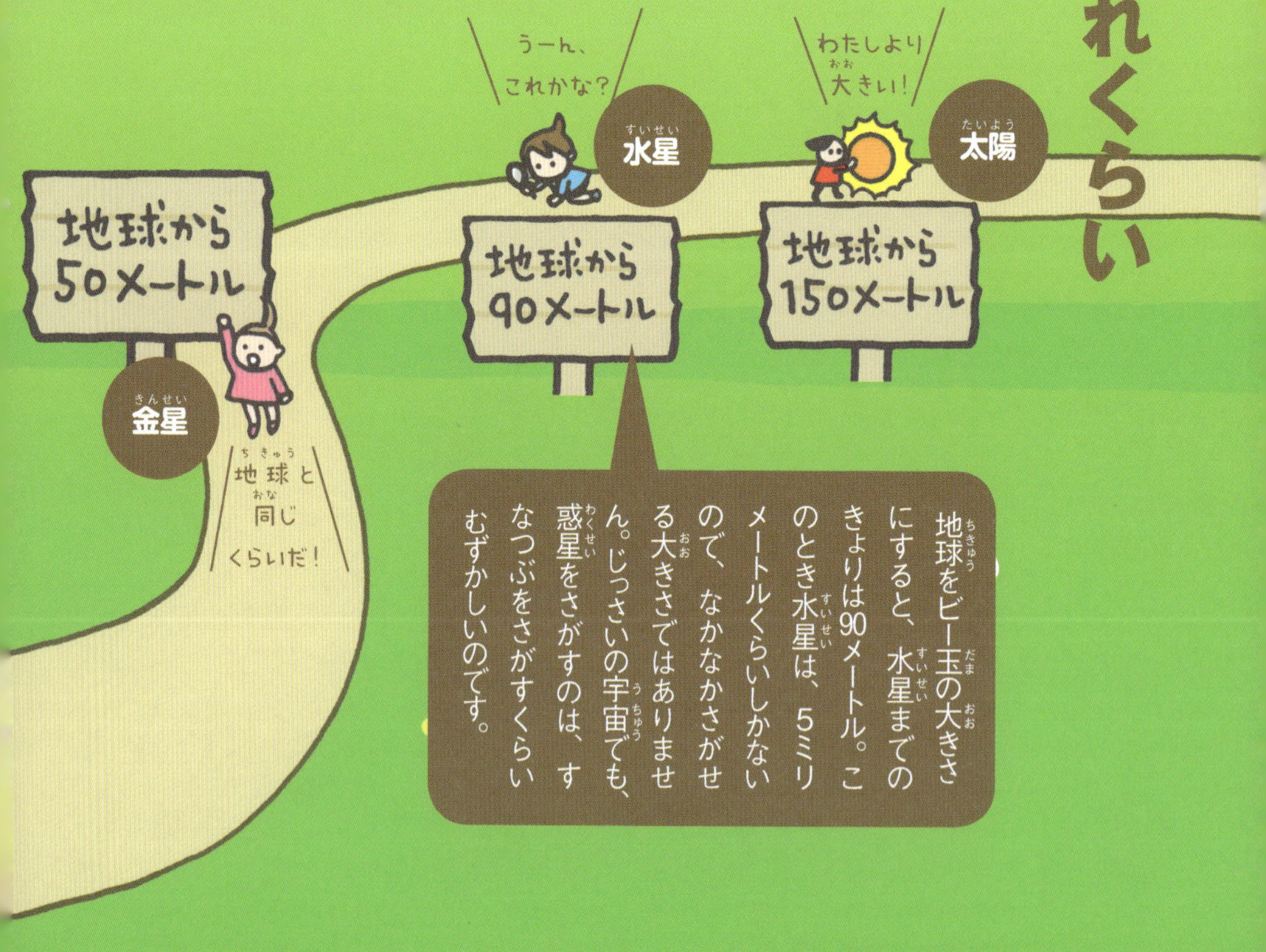
わたしより大《おお》きい！
太陽《たいよう》
うーん、これかな？
水星《すいせい》
地球から150メートル
地球から90メートル
地球から50メートル
金星《きんせい》
地球《ちきゅう》と同《おな》じくらいだ！

地球《ちきゅう》をビー玉《だま》の大《おお》きさにすると、水星《すいせい》までのきょりは90メートル。このとき水星《すいせい》は、5ミリメートルくらいしかないので、なかなかさがせる大《おお》きさではありません。じっさいの宇宙《うちゅう》でも、惑星《わくせい》をさがすのは、すなつぶをさがすくらいむずかしいのです。

太陽系《たいようけい》でいちばん外側《そとがわ》を回《まわ》る惑星《わくせい》「海王星《かいおうせい》」は、地球《ちきゅう》から4・4キロメートルはなれています。歩《ある》いたら40分《ぷん》はかかるきょりです。そして、海王星《かいおうせい》の大《おお》きさはたった4・9センチメートル。そんなにはなれた場所《ばしょ》にそんな小《ちい》さな星《ほし》がぽつんとういている。それがじっさいの宇宙《うちゅう》のイメージなのです。

火星《かせい》は暑《あつ》いの？

火星《かせい》は「火《ひ》」の星《ほし》と書《か》くため、暑《あつ》い星《ほし》だと思《おも》うかもしれません。でもじつは地球《ちきゅう》よりずっと寒《さむ》い星《ほし》です。気温《きおん》は、マイナス140度《ど》にまで下《さ》がることもあります。そのうえ、あれはてて、さばくのような世界《せかい》が広《ひろ》がっています。

しかし40億年前《おくねんまえ》の火星《かせい》は、今《いま》の地球《ちきゅう》のようにあたたかくて、海《うみ》ができるほどにたくさん水《みず》がありました。空気《くうき》もこかったようです。

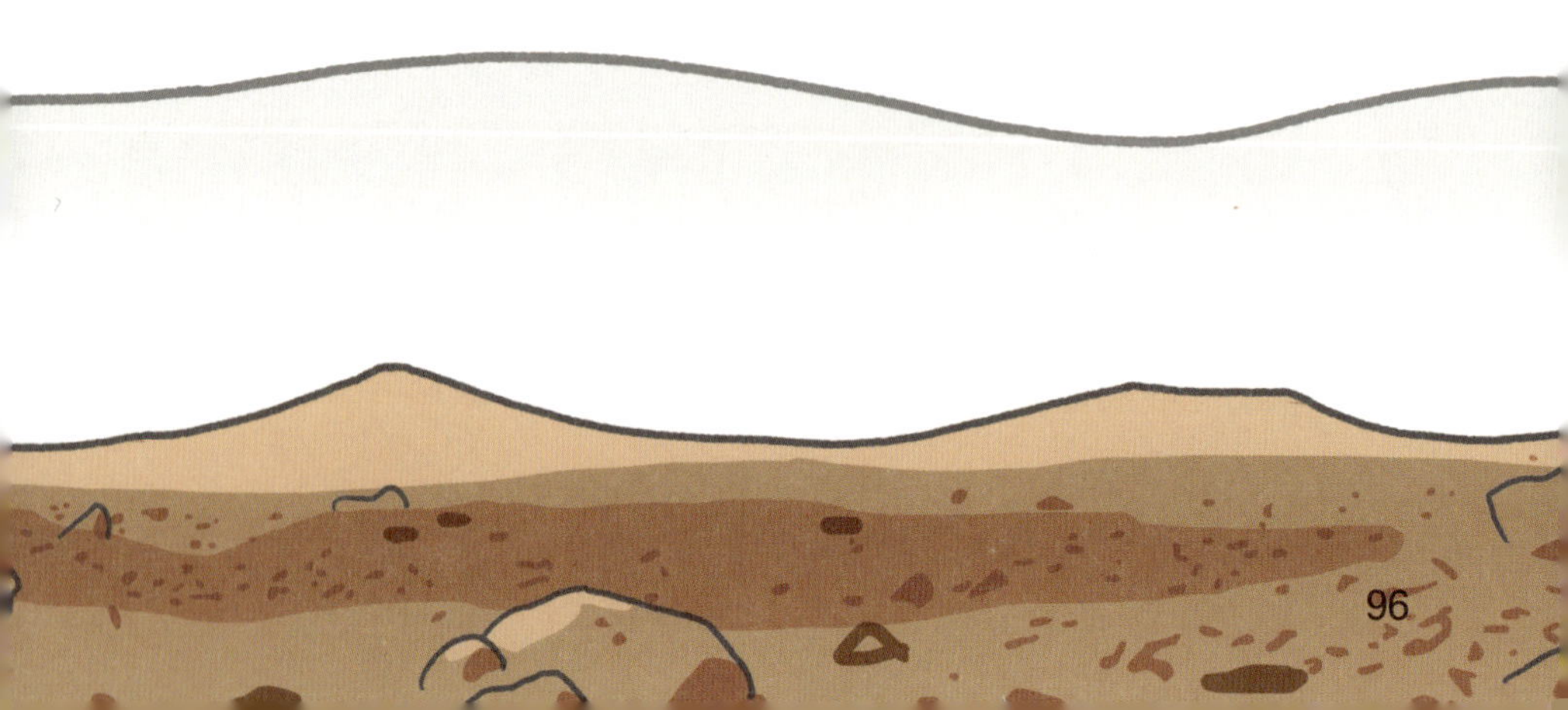

ところが、火星《かせい》のかんきょうはその後《ご》、大《おお》きく変《か》わりました。空気《くうき》はうすくなり、気温《きおん》は下《さ》がり、水《みず》も地表《ちひょう》からほとんどなくなってしまいました。なぜ今《いま》のようなあれはてた星《ほし》になってしまったのか……。その理由《りゆう》はまだなぞのままです。

40億年前《おくねんまえ》の火星《かせい》

火星《かせい》の5分《ぶん》の１くらいをおおう海《うみ》があり、あたたかく、しめった気候《きこう》だったようです。川《かわ》や海岸線《かいがんせん》のあとも見《み》つかっています。

なんらかの理由《りゆう》で空気《くうき》はうすくなり、太陽《たいよう》からとどいた熱《ねつ》をとじこめておけなくなりました。水《みず》のほとんどは、すがたをかえて宇宙《うちゅう》へと飛《と》んでいってしまい、一部《いちぶ》は氷《こおり》へと変《か》わりました。

現在《げんざい》の火星《かせい》

へいきん気温《きおん》はマイナス55度《ど》です。さびた鉄《てつ》をふくむ土《つち》や岩《いわ》でおおわれています。火星《かせい》が赤《あか》く見《み》えるのはこの土《つち》や岩《いわ》のせいです。氷《こおり》も地表《ちひょう》にたくさん見《み》つかっています。

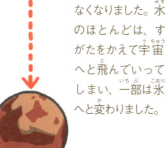

火星《かせい》ツアーへようこそ！

岩《いわ》だらけの大地《だいち》やさばくのような土地《とち》がどこまでも広《ひろ》がる火星《かせい》。でも、火星《かせい》ならではの地形《ちけい》もたくさん見《み》られます。いっしょに火星《かせい》たんけんツアーに参加《さんか》してみましょう！

日本列島《にほんれっとう》より長《なが》い谷《たに》がある！
火星《かせい》の真《ま》ん中《なか》を通《とお》る谷《たに》
マリネリスきょう谷《こく》
日本列島《にほんれっとう》がふたつ入《はい》るほど長《なが》く、深《ふか》さも7キロメートルほどあります。
落《お》ちないように気《き》をつけて！
エベレストより高《たか》い山《やま》！
オリンポス山《さん》
火星《かせい》でいちばん高《たか》い山《やま》。高《たか》さはなんと2万《まん》7000メートル！　てっぺんは平《たい》らになっています。
わー火山《かざん》だ！
エベレスト山《さん》
8848メートル
富士山《ふじさん》
3776メートル

昼《ひる》は赤《あか》くて、夕方《ゆうがた》は青《あお》い！

地球《ちきゅう》と反対《はんたい》の空《そら》の色《いろ》

火星《かせい》の空《そら》にたくさん飛《と》んでいるちりは、赤《あか》い光《ひかり》をちらばらせるため、夕焼《ゆうや》けが青《あお》くなります。

いん石落下《せきらっか》で大発見《だいはっけん》！

クレーターの中《なか》の氷《こおり》

クレーターでけずられた地面《じめん》に氷《こおり》が見《み》えていたことがあり、火星《かせい》の地下《ちか》には、氷《こおり》があると考《かんが》えられています。

北極《ほっきょく》と南極《なんきょく》の白《しろ》い部分《ぶぶん》

ドライアイスの台地《だいち》

北極《ほっきょく》で直径《ちょっけい》1000メートル、南極《なんきょく》で450メートルのドライアイスでおおわれた地面《じめん》が見《み》られます。

水星《すいせい》は水《みず》でできているの？

水星《すいせい》は「水《みず》」の星《ほし》と書《か》きますが、水《みず》をたくさんもっている星《ほし》なのでしょうか？

いいえ、じっさいは太陽《たいよう》にいちばん近《ちか》いため、表面《ひょうめん》の温度《おんど》は430度《ど》にもなるとても暑《あつ》い星《ほし》です。たとえ水《みず》があったとしても、すぐにかわいてしまいます。

また、水星《すいせい》の表面《ひょうめん》はでこぼこしていて、しわもたくさんあります。水星《すいせい》のなやみを聞《き》いてあげましょう。

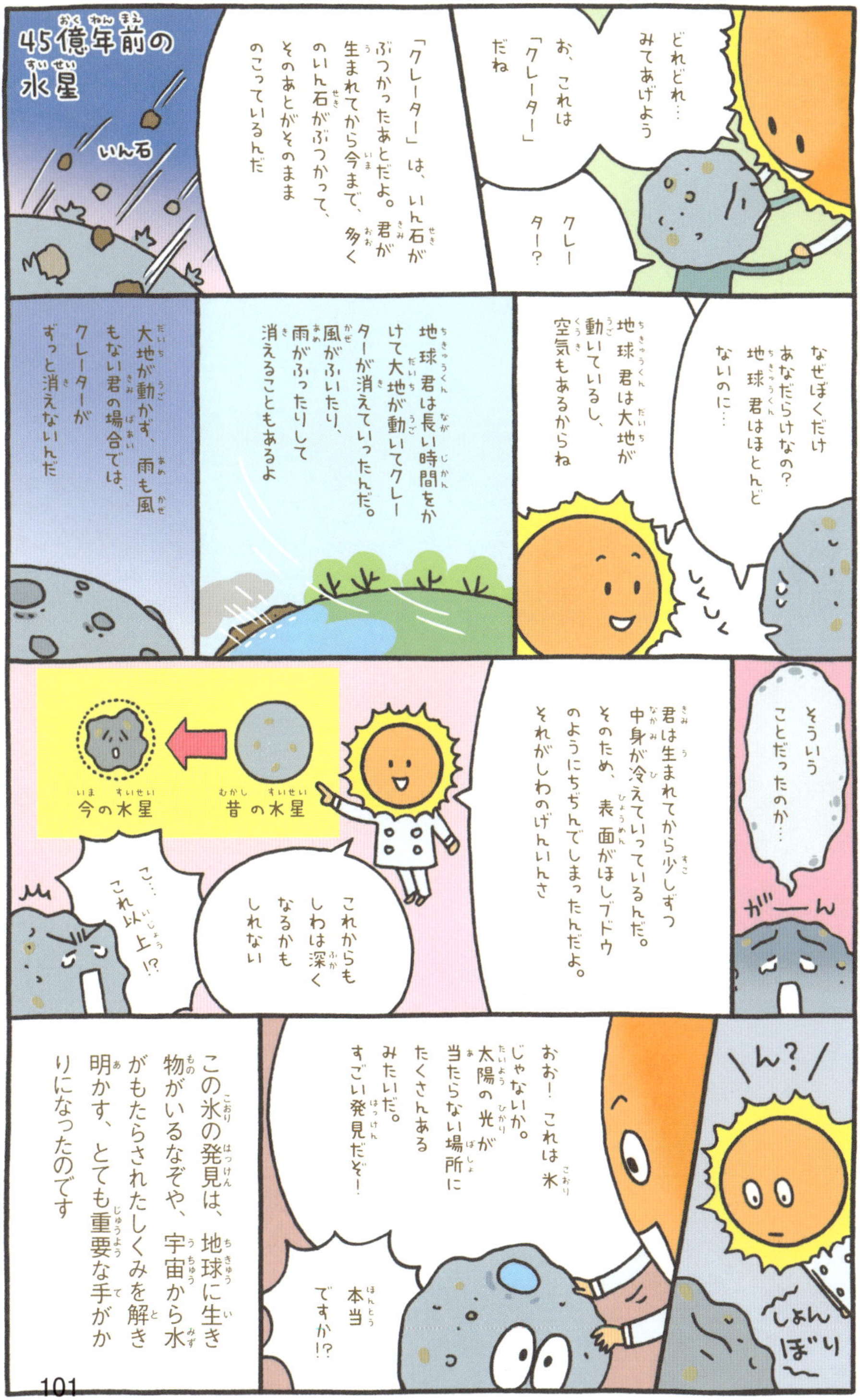

どれどれ…みてあげよう
お、これは「クレーター」だね
クレーター?
「クレーター」は、いん石《せき》がぶつかったあとだよ。君《きみ》が生《う》まれてから今《いま》まで、多《おお》くのいん石《せき》がぶつかって、そのあとがそのままのこっているんだ
45億年前《おくねんまえ》の水星《すいせい》
いん石
なぜぼくだけあなだらけなの? 地球君《ちきゅうくん》はほとんどないのに…
地球君《ちきゅうくん》は大地《だいち》が動《うご》いているし、空気《くうき》もあるからね
しくしく
地球君《ちきゅうくん》は長《なが》い時間《じかん》をかけて大地《だいち》が動《うご》いてクレーターが消《き》えていったんだ。風《かぜ》がふいたり、雨《あめ》がふったりして消《き》えることもあるよ
大地《だいち》が動《うご》かず、雨《あめ》も風《かぜ》もない君《きみ》の場合《ばあい》では、クレーターがずっと消《き》えないんだ
そういうことだったのか…
がーん
君《きみ》は生《う》まれてから少《すこ》しずつ中身《なかみ》が冷《ひ》えていっているんだ。そのため、表面《ひょうめん》がほしブドウのようにちぢんでしまったんだよ。それがしわのげんいんさ
昔《むかし》の水星《すいせい》
今《いま》の水星《すいせい》
これからもしわは深《ふか》くなるかもしれない
こ…これ以上《いじょう》!?
ん?
しょんぼり
おお! これは氷《こおり》じゃないか。太陽《たいよう》の光《ひかり》が当《あ》たらない場所《ばしょ》にたくさんあるみたいだ。すごい発見《はっけん》だぞ!
本当《ほんとう》ですか!?
この氷《こおり》の発見《はっけん》は、地球《ちきゅう》に生《い》き物《もの》がいるなぞや、宇宙《うちゅう》から水《みず》がもたらされたしくみを解《と》き明《あ》かす、とても重要《じゅうよう》な手《て》がかりになったのです

水《みず》はどこからやってきた!?

水《みず》は、生《い》き物《もの》が生《い》きるのにぜったい必要《ひつよう》なもののひとつですが、水《みず》が水《みず》の形《かたち》でいられるのは宇宙《うちゅう》ではめずらしいこと。
でもじつは、水《みず》の材料《ざいりょう》は宇宙《うちゅう》にたくさんただよっています。それは、「原子《げんし》」という小《ちい》さなつぶです。
これらからどのように水《みず》がつくられ、地球《ちきゅう》にとどいたのでしょうか。

水素原子《すいそげんし》

宇宙《うちゅう》がうまれたころに、たんじょうしました。宇宙《うちゅう》の中《なか》でいちばん数《かず》が多《おお》く、太陽《たいよう》のように、かがやく星《ほし》のエネルギーのもとになります。

1 水《みず》、たんじょう!

酸素原子《さんそげんし》と水素原子《すいそげんし》が出会《であ》うと水分子《みずぶんし》になります。水《みず》は、この水分子《みずぶんし》が集《あつ》まってできています。でも、宇宙空間《うちゅうくうかん》では温度《おんど》はものすごく高《たか》いか低《ひく》いかのどちらかなので、水《みず》は氷《こおり》や目《め》に見《み》えない気《き》体《たい》でしかそんざいできません。

酸素原子《さんそげんし》

星《ほし》の内側《うちがわ》でつくられます。星《ほし》が大《おお》きなばくはつを起《お》こしたとき、宇宙《うちゅう》に飛《と》び出《だ》していきます。

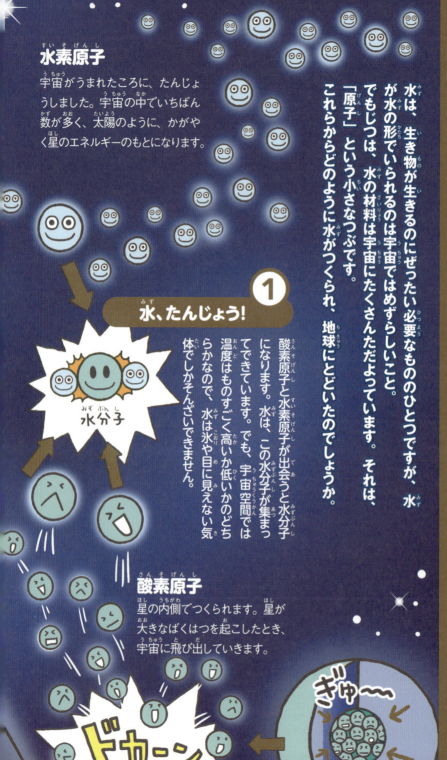

水《みず》、集《あつ》まる ②

水分子《みずぶんし》は「すい星《せい》」という太《たい》陽《よう》のまわりを回《まわ》る小《ちい》さな星《ほし》にくっついて集《あつ》まり氷《こおり》となったり、小惑星《しょうわくせい》などの岩《いわ》の一部《いちぶ》にもなったりします。

水《みず》、地球《ちきゅう》へ ③

集《あつ》まった水分子《みずぶんし》は、すい星《せい》や小惑星《しょうわくせい》にのって地球《ちきゅう》にきます。こうしてもたされた水《みず》のもとは雲《くも》になって雨《あめ》をふらせ、地球《ちきゅう》に海《うみ》をつくりました。

目《め》に見《み》えない気体《きたい》のじょうたいで、宇宙《うちゅう》をただよっているよ
小惑星
氷《こおり》や岩《いわ》の一部《いちぶ》になって運《はこ》ばれていくんだ
すい星《せい》
地球《ちきゅう》だと水《みず》のじょうたいをたもてるよ
地球《ちきゅう》
表面《ひょうめん》の70パーセントくらいが水《みず》でおおわれています。
人《ひと》の体《からだ》のだいたい60～65パーセントは水《みず》でできてるんだよ。年《とし》をとるにつれて少《すく》なくなっていくんだ
MIEU

じゃあ木星《もくせい》ってどんなところ？

木星《もくせい》は、太陽系《たいようけい》の中《なか》でいちばん大《おお》きな惑星《わくせい》です。太陽《たいよう》からはなれているため、光《ひかり》や熱《ねつ》があまりとどかず、温度《おんど》はマイナス110度《ど》くらい。

また、ぶあつい雲《くも》におおわれて、その下《した》では、1年中《ねんじゅう》ずっとはげしい風《かぜ》がふきあれています。地球《ちきゅう》の台《たい》風《ふう》のようなうずもあります。いわば木星《もくせい》はあらしでできた星《ほし》なのです。

もし、地球《ちきゅう》に木星《もくせい》の台風《たいふう》が来《き》たら……？

木星《もくせい》の台風《たいふう》
地球《ちきゅう》とくらべるとその大《おお》きさもけたちがい。地球《ちきゅう》がまるまる台風《たいふう》の中《なか》に入《はい》ってしまうくらいの大《おお》きさなのです。
地球《ちきゅう》に木星《もくせい》の台風《たいふう》が来《き》ています！
カッパも着《き》ていこう…

地面《じめん》がない木星《もくせい》

木星《もくせい》はほとんどがガスでできていて、地球《ちきゅう》のような地面《じめん》はありません。そのため、たとえ宇宙船《うちゅうせん》で木星《もくせい》へ行《い》ったとしても、着陸《ちゃくりく》はできません。中心《ちゅうしん》に近《ちか》づいていけば、岩《いわ》や鉄《てつ》もあることはあります。でも中心《ちゅうしん》にたどり着《つ》く前《まえ》に、ガスの重《おも》みで宇《う》宙船《ちゅうせん》はつぶれてしまうでしょう。

どこまで
続《つつ》くのー!?

観測史上最大《かんそくしじょうさいだい》の
あらしです…!

ものすごい速《はや》さで風《かぜ》がふく!

新幹線《しんかんせん》の2倍近《ばいちか》い速《はや》さで風《かぜ》がふくため、街《まち》の建物《たてもの》はねこそぎなくなってしまうでしょう。

地球《ちきゅう》の1000倍《ばい》のかみなりが落《お》ちる!

木星《もくせい》も、地球《ちきゅう》のようにかみなりが落《お》ちますが、そのエネルギーは地《ち》球《きゅう》の1000倍《ばい》とけたちがい。人間《にんげん》に落《お》ちたらあとかたもなく消《き》えてしまうでしょう。

あらしが350年以上《ねんいじょう》続《つづ》く!

地球《ちきゅう》の台風《たいふう》は発生《はっせい》から1週間《しゅうかん》ほどで消《き》えてなくなりますが、木星《もくせい》の台風《たいふう》は発見《はっけん》されてから少《すく》なくとも350年間《ねんかん》消《き》えていません。

土星《どせい》にあるわっかって何《なに》でできているの？

土星《どせい》は、大《おお》きなわっかをもっています。望遠鏡《ぼうえんきょう》を通《とお》して見《み》えるこのわっかがいったい何《なん》なのか、何百《なんびゃく》年《ねん》もかけていろいろな人《ひと》が調査《ちょうさ》を進《すす》めてきました。そもそもはじめは、土星《どせい》の近《ちか》くにあるものが「わっか」だとすらわかっていなかったのです。

わっかの発見《はっけん》の歴史《れきし》をたどってみましょう。

ガリレオの見《み》たわっか

1610年《ねん》、イタリアの物理学者《ぶつりがくしゃ》であったガリレオは、はじめて望遠鏡《ぼうえんきょう》で宇宙《うちゅう》を調《しら》べました。すると、土星《どせい》の左右《さゆう》に耳《みみ》らしきものを発見《はっけん》しました。しかしはっきりとは見《み》えず、その正体《しょうたい》はわかりませんでした。

ホイヘンスの見《み》たわっか

1655年《ねん》、オランダの物理学者《ぶつりがくしゃ》であったホイヘンスが土星《どせい》を調《しら》べたところ、ガリレオがいった土星《どせい》の耳《みみ》のようなものは、土星《どせい》をぐるっと一周《いっしゅう》しているわっかであることを発見《はっけん》しました。

地球《ちきゅう》

地球《ちきゅう》はわっかをもちませんが、ロケットのざんがいなどの宇宙《うちゅう》ごみや、人工衛星《じんこうえいせい》などが地球《ちきゅう》のまわりを回《まわ》っています。その数《かず》なんと1万《まん》5000！

木星《もくせい》
海王星《かいおうせい》
天王星《てんのうせい》
わたしたちもわっかをもっているのよ！
ぼくのわっかは、宇宙《うちゅう》のちりやガスが集《あつ》まってできたとか、いん石《せき》がぶつかって生《う》まれたかけらが集《あつ》まったもの、とかいわれているよ

スピッツァー宇宙望遠鏡《うちゅうぼうえんきょう》の見《み》たわっか

太陽《たいよう》のまわりを回《まわ》りながら宇宙《うちゅう》を観測《かんそく》しているスピッツァー宇宙望遠鏡《うちゅうぼうえんきょう》は、2009年《ねん》、新《あら》たに土星《どせい》のわっかを見《み》つけました。今《いま》まで見《み》つかったわっかよりもずっと大《おお》きく、土星《どせい》をならべるとなんと300こがすっぽり入《はい》ってしまうくらいの大《おお》きさでした。

ボイジャー探査機《たんさき》の見《み》たわっか

1980年《ねん》、地球《ちきゅう》をはなれて宇宙《うちゅう》を調《しら》べるボイジャーという探査機《たんさき》が、わっかの正体《しょうたい》は、小《ちい》さな氷《こおり》や岩《いわ》のつぶの集《あつ》まりということをつきとめました。また、わっかは、はばが27万《まん》キロメートルほどもあるのに、あつさはたったの数《すう》十《じゅう》メートルと、とてもうすいこともわかりました。

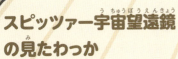

一番星《いちばんぼし》ってどの星《ほし》のこと？

夕方《ゆうがた》、太陽《たいよう》がしずんだあと、いちばんはじめに光《ひか》る星《ほし》は「一《いち》番星《ばんぼし》」とよばれます。この「一番星《いちばんぼし》」は、太陽《たいよう》を回《まわ》る星《ほし》のひとつ「金星《きんせい》」であることが、ほとんどです。金星《きんせい》は西《にし》の夕空《ゆうぞら》に明《あか》るく、もっともかがやいて見《み》える星《ほし》。この金星《きんせい》のかがやくひみつを歌《うた》った歌《うた》があるので、聞《き》いてみましょう。

かがやく金星《きんせい》のヒ・ミ・ツ♡

作詞《さくし》 金星《きんせい》 作曲《さっきょく》 太陽《たいよう》

わたしの！ かがやく！ ひみつ教《おし》えちゃう〜！
美白《びはく》してるから〜？ ノンノン
それはわたしがもってる ぶあついふしぎな雲《くも》のせいなのよ

ぶあつい雲《くも》が！　太陽《たいよう》の光《ひかり》を！
ほとんどはねかえす～
ほら、わたしのこと、
いちばんはじめに見《み》つけられるでしょ？

そ・れ・と

地球《ちきゅう》に近《ちか》い惑星《わくせい》だから
地球《ちきゅう》に近《ちか》い！　近《ちか》いと明《あか》るい！
近《ちか》いものほど明《あか》るく見《み》えるのよ～
ほら、わたしって、
だれよりかがやいて見《み》えるでしょ？

いかがでしたか？　金星《きんせい》のかがやきのひみつは、太陽《たいよう》の光《ひかり》をはねかえす雲《くも》をもっていて、地《ち》球《きゅう》から近《ちか》くにある星《ほし》であることだったのですね。

はしっこ惑星《わくせい》コンビのにちじょうまんざい

太陽系《たいようけい》のすみっこを回《まわ》る、にたものどうしのふたつの惑星《わくせい》、天王星《てんのうせい》と海王星《かいおうせい》。ほかの惑星《わくせい》にくらべて、太陽《たいよう》から遠《とお》くにいるため、目立《めだ》たないと思《おも》われがちですが、じつは氷《こおり》でできたしんぴてきな惑星《わくせい》です。かれらのにちじょうをまんざいで聞《き》いてみましょう。

天海　どうもどうも～
太陽系一《たいようけいいち》かげのうすいふたり組《ぐみ》「ジミーズ」で～す！

天　わてらのこと知《し》ってる人《ひと》～？

海　……ええっ！　だれもおらんの？
さすがに、かげうすすぎやろ！

天　お客《きゃく》さん、今日《きょう》はわてらのこと、おぼえて帰《かえ》ってな！

海　じつはな、この前《まえ》かぜひいてん。

天　どれくらい熱《ねつ》でたん？

海　マイナス197度《ど》。

天　ひく！　ひくすぎやろ！

海　平熱《へいねつ》がマイナス200度《ど》やから、いちおうびねつやで。

太陽系《たいようけい》の中《なか》でいちばん太陽《たいよう》から遠《とお》い星《ほし》です。そのため、太陽《たいよう》の光《ひかり》がとどかず、へいきんマイナス200度《ど》というとても寒《さむ》い星《ほし》です。また、メタンというガスが赤《あか》い色《いろ》をすいとるため、青《あお》く見《み》えています。

天 わかりにくいわ！

海 顔《かお》も真《ま》っ青《さお》になってもうて。

天 いやいや、もともとですやん。
じつはわたしはじこの後遺症《こういしょう》があるんよ。

海 あぁ、あの大《おお》きな岩《いわ》がぶつかって
死《し》んだってやつか。新聞《しんぶん》で見《み》たわ。

天 生《い》きてますやん！
それがな……あのじこいらい、
なぜかみんなの顔《かお》が90度《ど》かたむいて
見《み》えてますのや。

海 なんでって……そりゃあんたの
顔《かお》が90度《ど》かたむいてるからやないかい！

天 えぇ！　そうなん!?

海 今気《いまき》づいたんかい！

天海 どうも！　ありがとうございました〜。

おや？　カーテンのすそからふたりをうらめしそうに見《み》ている小《ちい》さな星《ほし》がいますね。「めい王星《おうせい》」です。昔《むかし》、めい王星《おうせい》は、惑星《わくせい》の仲間《なかま》でした。ところが、最近《さいきん》、そのしかくがなくなり、惑星《わくせい》から外《はず》されてしまったのです。

天王星《てんのうせい》

天

天王星《てんのうせい》ができたばかりのころ、大《おお》きな岩《いわ》のかたまりがぶつかり、たおされてしまい、今《いま》もかたむいたまま太陽《たいよう》のまわりを回《まわ》っています。

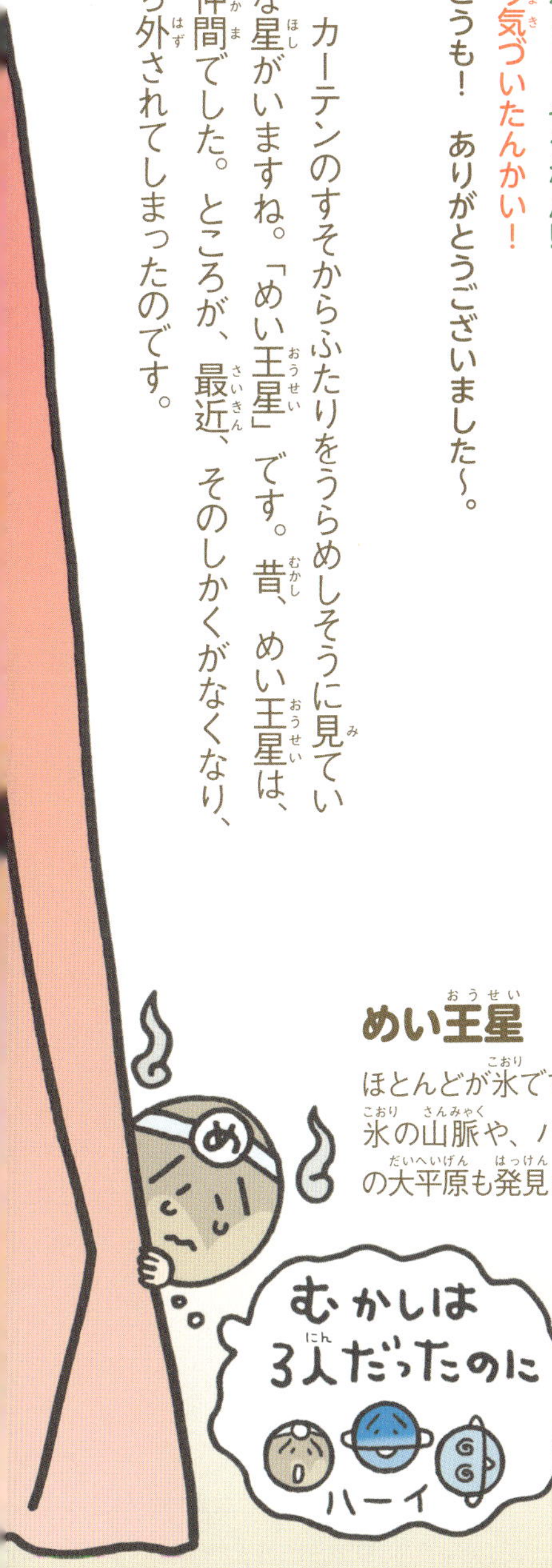
むかしは
3人《にん》だったのに
ハーイ

めい王星《おうせい》

ほとんどが氷《こおり》でできていて、氷《こおり》の山脈《さんみゃく》や、ハート型《がた》の氷《こおり》の大平原《だいへいげん》も発見《はっけん》されました。

小惑星《しょうわくせい》って、何《なに》？

太陽系《たいようけい》には地球《ちきゅう》をふくめて8つの惑星《わくせい》があります。でも、じつは太陽系《たいようけい》には惑《わく》星《せい》以外《いがい》にも小《ちい》さな星《ほし》がたくさんあります。そんな小《ちい》さな星《ほし》は「小惑星《しょうわくせい》」とよばれており、だいたい100万《まん》こくらい見《み》つかっています。

小惑星《しょうわくせい》は、惑星《わくせい》のように太陽《たいよう》のまわりを回《まわ》っていますが、惑星《わくせい》にはなりきれなかった星《ほし》のかけらのことなのです。

惑星《わくせい》
惑星《わくせい》になれた！
小惑星《しょうわくせい》
数《すう》メートルから数百《すうひゃく》キロメートルの岩《いわ》のかたまりなんだ
惑星《わくせい》は目立《めだ》っていいなあ…

惑星《わくせい》へのきびしい道《みち》

太陽系《たいようけい》が生《う》まれた46億年前《おくねんまえ》。星《ほし》のもとになるちりなどが太陽系《たいようけい》の中《なか》を飛《と》びかっていました。これらがぶつかりあい、成長《せいちょう》すると惑星《わくせい》になりますが、成長《せいちょう》しなかったものや、成長《せいちょう》してもバラバラになってしまったものが「小惑星《しょうわくせい》」になります。

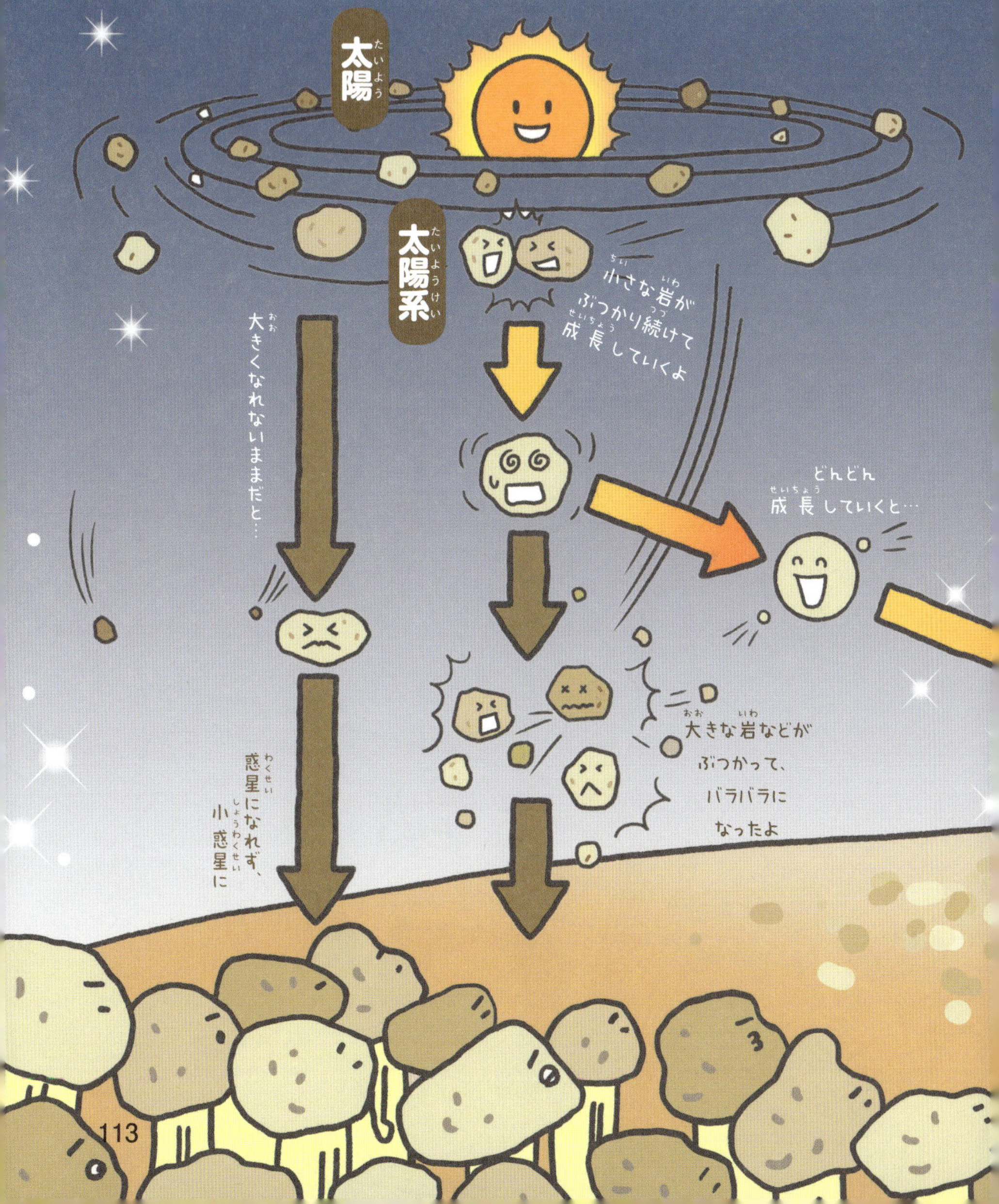

これでバッチリ！

太陽系旅行《たいようけいりょこう》をきかくして、しおりをつくってみよう！

太陽《たいよう》のまわりを回《まわ》る星《ほし》は、たくさんあります。もし、そんな星《ほし》を自由《じゆう》に旅行《りょこう》できたら、どんな景色《けしき》が見《み》られるのでしょう？　自分《じぶん》だけの太陽系旅行《たいようけいりょこう》をきかくして、しおりにまとめてみましょう。

用意《ようい》するもの

・ペン　・画用紙《がようし》（開《ひら》いたノートくらいの大《おお》きさがあればOK）　・色《いろ》えんぴつ
・星《ほし》の図鑑《ずかん》や本《ほん》

1 星《ほし》を選《えら》び、じょうほうを集《あつ》める

太陽系《たいようけい》の中《なか》には、太陽《たいよう》のまわりを回《まわ》る惑星《わくせい》や、惑星《わくせい》のまわりを回《まわ》る衛星《えいせい》などがあります。みんなが行《い》ってみたいと思《おも》う星《ほし》を、星《ほし》の図鑑《ずかん》や本《ほん》から選《えら》びましょう。

星《ほし》を選《えら》んだら、本《ほん》やインターネットなどを使《つか》って、いろいろなじょうほうを集《あつ》めます。

エンケラドスってどんな星？
エンケラドス
土星のまわりをまわっている衛星「エンケラドス」は、太陽系一白い星とよばれています。この星は、南極
から海水をふき出していることで有名な星ですが、まだまだたくさんのひみつがかくされています。
エンケラドスのひみつ①
氷の下に海がある
エンケラドスの表面は、氷におおわれています。この氷の下には、エンケラドス全体をおおう海があります。
土星《どせい》の衛星《えいせい》「エンケラドス」の氷《こおり》の下《した》には生命《せいめい》がいるらしいぞ。おもしろそうだ！

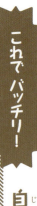

2 選《えら》んだ星《ほし》のじょうほうから、旅《たび》の目玉《めだま》を考《かんが》える

調《しら》べたじょうほうをもとに、その星《ほし》のおすすめのポイントを考《かんが》えます。やってみたいことや見《み》てみたいこと、いろいろそうぞうをめぐらせてアイデアを出《だ》しましょう。

太陽系一白《たいようけいいちしろ》い星《ほし》といわれる
エンケラドスの氷《こおり》でスケートを
やってみたいなぁ
氷《こおり》の下《した》に広《ひろ》がる
海《うみ》の中《なか》で生命《せいめい》をさがすため、
海底探検《かいていたんけん》したいなぁ

3 しおりにのせる写真《しゃしん》やイラストなどをじゅんびする

考《かんが》えたアイデアにしたがって、しおりに使《つか》う写真《しゃしん》やイラストなどをじゅんびします。

写真《しゃしん》がない場合《ばあい》は、自分《じぶん》でそうぞうしてイラストをかいてみましょう。

エンケラドスにいる
生《い》き物《もの》をそうぞうして
かいてみようかな？

土星の衛星
「エンケラドス」
わくわく
ツアー

4 しおりをつくる

整理《せいり》したじょうほうと写真《しゃしん》やイラストをもとにしおりをつくります。しおりを見《み》た人《ひと》が「この星《ほし》に行《い》きたい！」と思《おも》えるようなみりょくてきな見出《みだ》しや文《ぶん》章《しょう》を考《かんが》えることが大切《たいせつ》です。しおりができたら、太陽系《たいようけい》ツアーのガイドさんになりきって、友《とも》だちや先生《せんせい》にしょうかいしてみましょう。

旅行《りょこう》のテーマは大《おお》きくかんたんに

わかりやすい言葉《ことば》をつけよう！

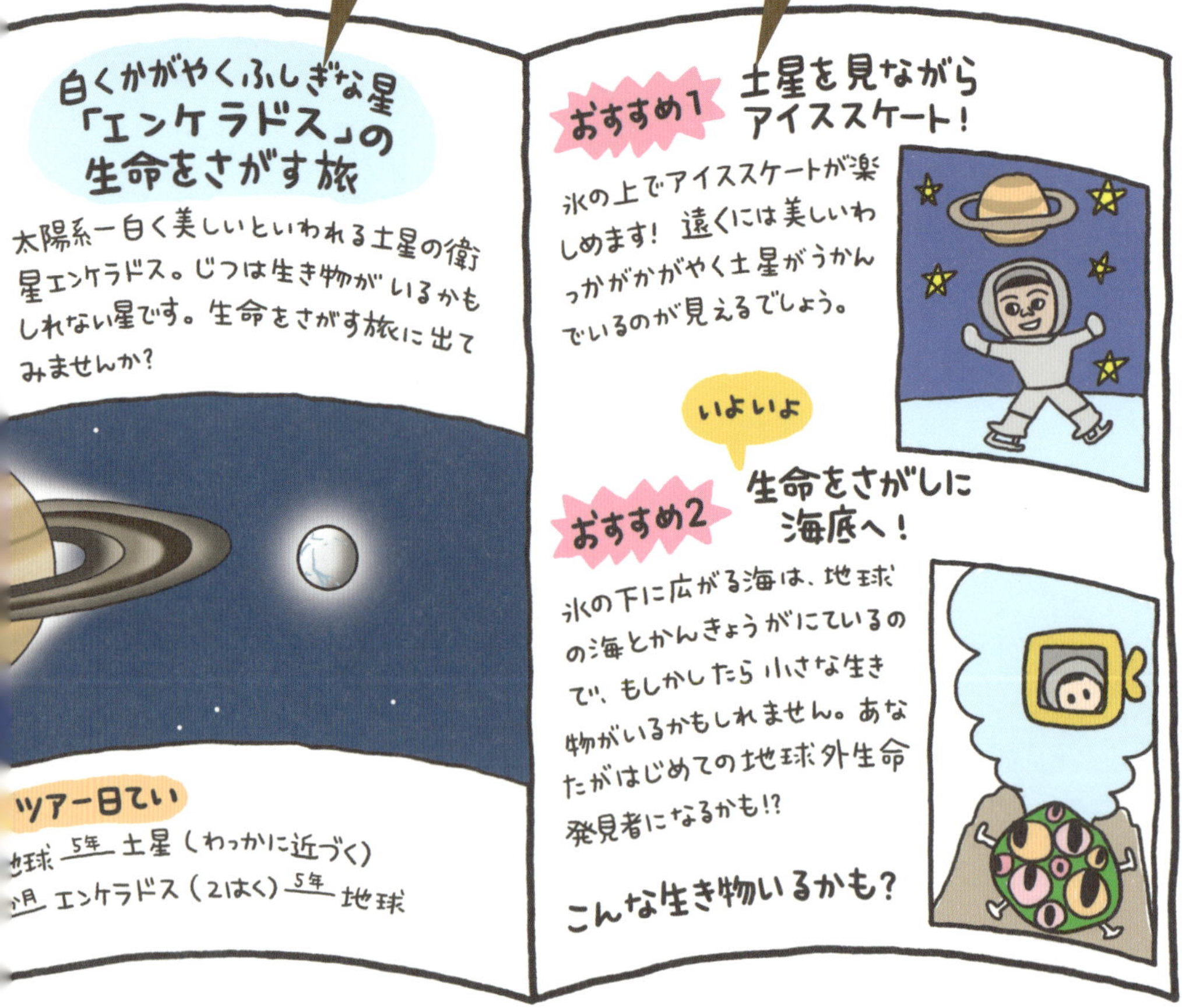
白くかがやくふしぎな星
「エンケラドス」の
生命をさがす旅
太陽系一白く美しいといわれる土星の衛星エンケラドス。じつは生き物がいるかもしれない星です。生命をさがす旅に出てみませんか？
ツアー日てい
地球 5年 土星（わっかに近づく）
エンケラドス（2はく）5年 地球
おすすめ1
土星を見ながらアイススケート！
氷の上でアイススケートが楽しめます！遠くには美しいわっかがかがやく土星がうかんでいるのが見えるでしょう。
いよいよ
おすすめ2
生命をさがしに海底へ！
氷の下に広がる海は、地球の海とかんきょうがにているので、もしかしたら小さな生き物がいるかもしれません。あなたがはじめての地球外生命発見者になるかも!?
こんな生き物いるかも？

遠《とお》い星《ほし》のふしぎ

どうして星《ほし》はきらきらしているの？

みんなはきれいな川《かわ》をのぞきこんだことがありますか？　川《かわ》はゆらゆらゆれていて、川《かわ》の中《なか》にあるものもゆらゆらして見《み》えます。

星《ほし》がきらきらとまたたいて見《み》えるのも、じつはこれと同《おな》じことです。

地球《ちきゅう》をつつむ空気《くうき》のそうは、川《かわ》の水《みず》と同《おな》じように、いつもゆらいでいます。すると、空気《くうき》のそうにこい部分《ぶぶん》とうすい部分《ぶぶん》ができ、星《ほし》の光《ひかり》の進《すす》み方《かた》が変《か》わるため、きらきらまたたいて見《み》えるのです。

川《かわ》の底《そこ》を見《み》ると…

川《かわ》の水《みず》はゆらゆらとゆれているため、水《みず》の中《なか》にあるものはゆがんで見《み》えます。

宇宙空間《うちゅうくうかん》だと
空気《くうき》がないので、
またたいて見《み》えないよ
ピカー
ピカー
ピカー
空気《くうき》のそうが
こいところ
空気《くうき》のそうが
うすいところ
風《かぜ》が強《つよ》いと、空気《くうき》のゆらぎが大《おお》きくなって、星《ほし》がよりたくさんまたたくよ
チカ
チカ

星《ほし》を見《み》ると…

空気《くうき》も川《かわ》の水《みず》と同《おな》じで、風《かぜ》によってゆれています。そのため星《ほし》の光《ひかり》が空気《くうき》のそうを通《とお》りぬけるときに曲《ま》がり方《かた》が変《か》わり、きらきらとまたたいて見《み》えます。

星《ほし》がきれいに見《み》えるのはどっち？

空気《くうき》の中《なか》には、目《め》に見《み》えないちりやほこり、水《みず》のつぶなどがただよっていて、光《ひかり》が通《とお》るのをじゃまします。しかし冬《ふゆ》は、夏《なつ》にくらべて風《かぜ》が強《つよ》く、ちりやほこりなどをふきとばします。そのうえ、空気《くうき》がかんそうしてあまり水《みず》のつぶをふくまないため、星《ほし》がよく見《み》えます。

水《みず》のつぶ
ちりやほこり
夏《なつ》
あっち行《い》けー!
星《ほし》の光《ひかり》
冬《ふゆ》

宇宙《うちゅう》は星《ほし》くずの宝石箱《ほうせきばこ》？

宝石《ほうせき》みたいに美《うつく》しく光《ひか》る星《ほし》空《ぞら》。でもじつは、「みたい」ではなく、ほんとうに宝石《ほうせき》をもっている星《ほし》もたくさんあるのです。星《ほし》くずの宝石《ほうせき》箱《ばこ》をのぞいてみましょう。

ダイヤモンドがねむる星《ほし》

かに座《ざ》の星《ほし》のひとつは、星《ほし》の3分《ぶん》の1が、ダイヤモンドでできています。地球《ちきゅう》3つ分《ぶん》の重《おも》さです。地球《ちきゅう》からは40光年《こうねん》先《さき》にあり、宇宙《うちゅう》の大《おお》きさを考《かんが》えると意外《いがい》と近《ちか》くにあります。

宝石《ほうせき》をまきちらすすい星《せい》

ヘール・ボップというすい星《せい》から、「ペリドット」という宝石《ほうせき》がまきちらされています。この宝石《ほうせき》は、ときには地球《ちきゅう》にふりそそぐこともあるそうです。

サファイアがただよう宇宙空間《うちゅうくうかん》

宇宙《うちゅう》にただようちりやガスの中《なか》には、サファイアなどの宝石《ほうせき》の粉《こな》がふくまれています。これらは星《ほし》の中心部分《ちゅうしんぶぶん》でつくられ、宇宙空間《うちゅうくうかん》に放出《ほうしゅつ》されたものです。

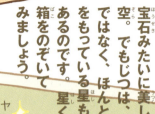

しょうとつして金《きん》をつくる星《ほし》

地球《ちきゅう》にあるすべての金《きん》はじつは宇宙《うちゅう》でつくられました。重《おも》たい星《ほし》どうしがぶつかったときに生《う》まれたといわれています。

プラチナがうまっている小惑星《しょうわくせい》

プラチナは地球《ちきゅう》ではとてもきちょうな金属《きんぞく》。太陽《たいよう》のまわりを回《まわ》る小惑星《しょうわくせい》の中《なか》には、このプラチナがなんと何百 兆円分《なんびゃくちょうえんぶん》もうまっているといわれています。

なぜ星《ほし》は夜《よる》になると出《で》てくるの？

じつは、昼《ひる》のあいだも星《ほし》は空《そら》にいます。わたしたちが気《き》づいていないだけで、星《ほし》はいつでも光《ひか》っています。

ただ、星《ほし》の光《ひかり》はとても弱《よわ》いため、昼《ひる》は太陽《たいよう》の光《ひかり》の強《つよ》さに負《ま》けて見《み》えません。つまり、夜《よる》になってまわりが暗《くら》くなると、星《ほし》の光《ひかり》がわたしたちにも見《み》えるので、夜《よる》だけ星《ほし》が出《で》ているように見《み》えるのです。

太陽《たいよう》の光《ひかり》にはかなわないや
わたしは月《つき》。太陽《たいよう》の光《ひかり》をたくさんはねかえしているからすごく明《あか》るいの。だから昼間《ひるま》でもわたしのすがたは見《み》えるわ

昼《ひる》の空《そら》

太陽《たいよう》の光《ひかり》が強《つよ》いため、星《ほし》はまったく見《み》えません。

まぶしい！

やってみよう

目《め》に見《み》えないものを感《かん》じてみよう！

星《ほし》と同《おな》じように、そこにあるのに気《き》づかないものはいろいろあります。

空気《くうき》

目《め》で見《み》えませんが、わたしたちのまわりは、空気《くうき》にみちています。

日々《ひび》の成長《せいちょう》

身長《しんちょう》や体重《たいじゅう》、かみの長《なが》さなど、自分《じぶん》ではなかなかわかりませんが、わたしたちは毎日成長《まいにちせいちょう》しているのです。

家族《かぞく》の愛《あい》

いつもあたたかく見守《みまも》ってくれる家族《かぞく》。その愛《あい》は、なかなか気《き》づけないものですが、たしかにあります。

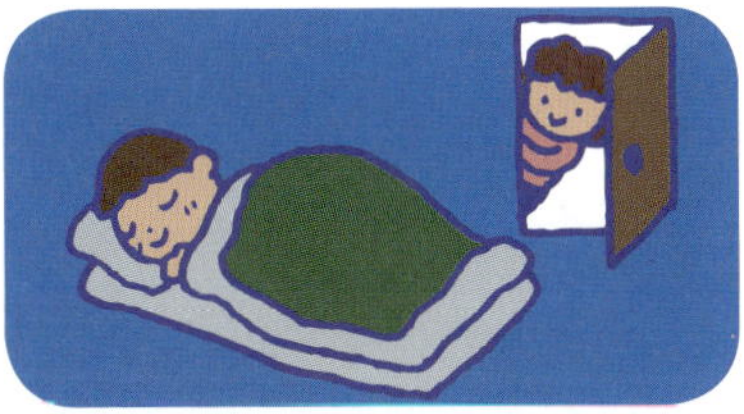

ぼくはシリウス。太陽《たいよう》と同《おな》じように、自分《じぶん》で光《ひかり》を生《う》み出《だ》してかがやいているよ
わたしは木星《もくせい》。太陽《たいよう》の光《ひかり》をはねかえして、光《ひか》っているよ
わたしは金星《きんせい》。ほかの星《ほし》にくらべると地球《ちきゅう》に近《ちか》いから、昼間《ひるま》でも見《み》られるわよ！
わたしが満月《まんげつ》だったり、地球《ちきゅう》の近《ちか》くにいるときは、光《ひかり》が強《つよ》くなって、まわりの星《ほし》は夜《よる》でも見《み》えなくなっちゃうことがあるの…

夜《よる》の空《そら》

太陽《たいよう》がしずんで暗《くら》くなると、星《ほし》が見《み》えはじめます。

きれいな星《ほし》～！

星《ほし》はずっと光《ひか》っているの？

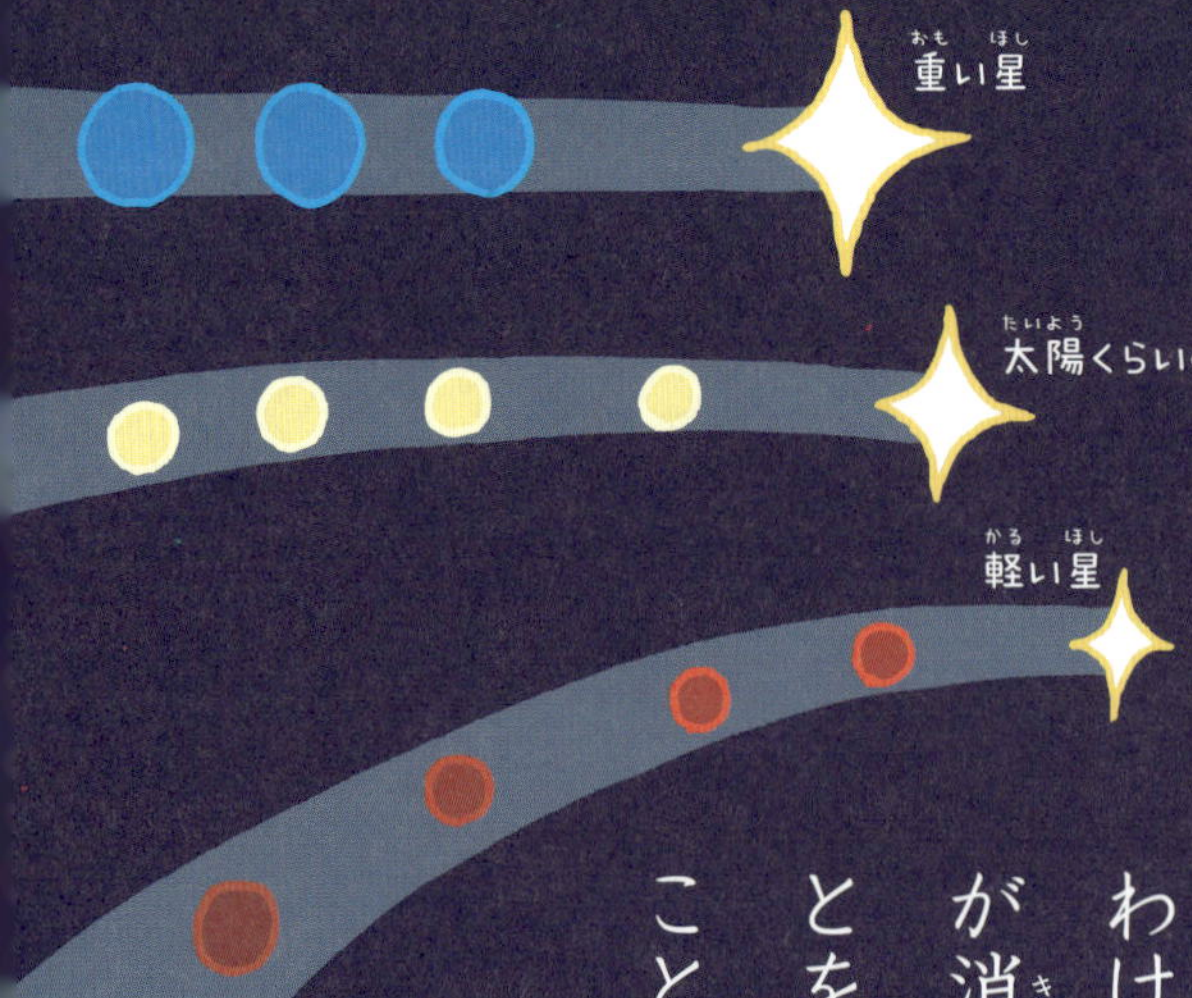
重《おも》い星《ほし》
太陽《たいよう》くらいの重《おも》さの星《ほし》
軽《かる》い星《ほし》

星《ほし》は、ずーっときらきらとかがやいているように見《み》えますね。でも、ずっと光《ひか》り続《つづ》けられるわけではありません。いつかはその光《ひかり》が消《き》えるときがやってきます。光《ひか》ることをやめた星《ほし》、いったいどうして光《ひか》ることをやめてしまったのでしょう？

それには、星《ほし》それぞれの生《い》き方《かた》があるのです。

だんだん暗《くら》くなっていく…

太陽《たいよう》より軽《かる》い星《ほし》の一生《いっしょう》

軽《かる》い星《ほし》は、燃料《ねんりょう》が少《すく》ないため温度《おんど》が上《あ》がらず、暗《くら》く見《み》えます。高温《こうおん》にならないため、長生《ながい》きするのです。百数十億年以上《ひゃくすうじゅうおくねんいじょう》かけてゆっくりと冷《ひ》えて暗《くら》くなり、しずかに一生《いっしょう》を終《お》えます。

太陽《たいよう》よりもものすごく重《おも》い星《ほし》の一生《いっしょう》

星《ほし》は重《おも》いほど光《ひか》るための燃料《ねんりょう》をたくさんもっています。でも、燃料《ねんりょう》をたくさんもっているとあっという間《ま》に燃料《ねんりょう》を使《つか》いきってしまいます。すると、「超新星《ちょうしんせい》ばくはつ」という大《だい》ばくはつを起《お》こし、死《し》にます。そしてガスをまきちらしたあとは、重《おも》い星《ほし》をのこしたり、ブラックホールになったりします。

太陽《たいよう》と同《おな》じくらいの重《おも》さの星《ほし》の一生《いっしょう》

星《ほし》が消《き》えてしまう前《まえ》に、赤《あか》く大《おお》きくなります。そして、星《ほし》を形《かたち》づくっているちりやガスは宇宙空間《うちゅうくうかん》に流《なが》れて、中心《ちゅうしん》にある核《かく》だけがのこります。

ブラックホールってどこにあるの？

宇宙《うちゅう》にうかぶ、真《ま》っ暗《くら》でなんでもすいこんでしまうおそろしい星《ほし》、ブラックホール。光《ひかり》もすいこんでしまうものすごく強《つよ》い重力《じゅうりょく》をもっていて、もしすいこまれたらさいご、二度《にど》と出《で》られない……。そんなおそろしいブラックホールは、いったいどこにあるのでしょうか？

そもそもブラックホールは、太陽《たいよう》よりも何十倍《なんじゅうばい》も重《おも》たい星《ほし》がばくはつしたあとにできる、星《ほし》のさいごのすがたです。つまり、とてつもなく重《おも》たい星《ほし》が、ブラックホールになるきけんがある場所《ばしょ》なのです。

地球《ちきゅう》からいちばん近《ちか》いブラックホールは、光《ひかり》の速《はや》さで６０００年《ねん》ほどのきょりにあるもの。地球《ちきゅう》がすいこまれる心配《しんぱい》はなさそうです。でも、観測《かんそく》できるはんいだけでもブラックホールは１０００億《おく》こ以上《いじょう》あるといわれており、じつは宇宙《うちゅう》のいたるところにそんざいしています。

ブラックホールのつくり方《かた》

ブラックホールになるには、あらゆるものを星《ほし》の内部《ないぶ》に引《ひ》きよせる、強《つよ》い重力《じゅうりょく》が必要《ひつよう》です。ここでは、そんなブラックホールのつくり方《かた》を特別《とくべつ》にお教《おし》えします。

安全第一
地球産《ちきゅうさん》
ブラックホール、
お願《ねが》いしまーす！
よし！
地球《ちきゅう》を
ちぢめるよ！
ブオオオオ

ブラックホールをつくるには、たくさんのものを小《ちい》さな空間《くうかん》にぎゅっとおしこめなくてはなりません。星《ほし》は重《おも》ければ重《おも》いほど、同時《どうじ》に小《ちい》さければ小《ちい》さいほど重力《じゅうりょく》が大《おお》きくなります。

地球《ちきゅう》の重《おも》さはそのままで、２センチメートルくらいに小《ちい》さくします。すると重力《じゅうりょく》がとても強《つよ》くなり、光《ひかり》をすいこむほどのブラックホールになります。

じっさいの宇宙《うちゅう》では…？

星《ほし》は、中心《ちゅうしん》に向《む》かって引《ひ》っぱる重力《じゅうりょく》と外側《そとがわ》にふくらむ力《ちから》がつり合《あ》って形《かたち》をたもっています。しかし、星《ほし》の燃料《ねんりょう》がなくなると、ふくらむ力《ちから》はなくなるので、どんどんちぢんでいき、ブラックホールになります。

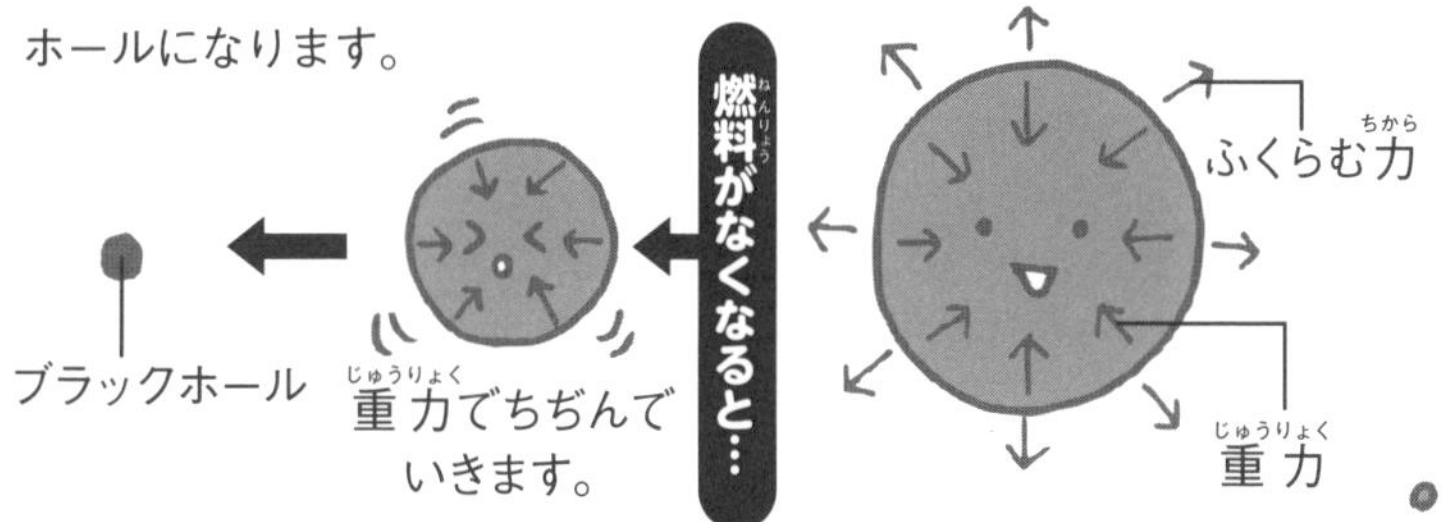

ブラックホールにもじゅみょうはあり、少《すこ》しずつ小《ちい》さくなって、消《き》えてしまうと考《かんが》えられています。でも、数百兆年《すうひゃくちょうねん》よりもずっと先《さき》のことで、じっさいにどうなるかははっきりとはわかっていません。

もしブラックホールにすいこまれたらどうなるの？

光《ひかり》までもすいこんでしまうという、ブラックホール。もしすいこまれてしまったら、いったいどうなるのでしょうか？

スパゲティみたいにのびちゃうよ～～!!

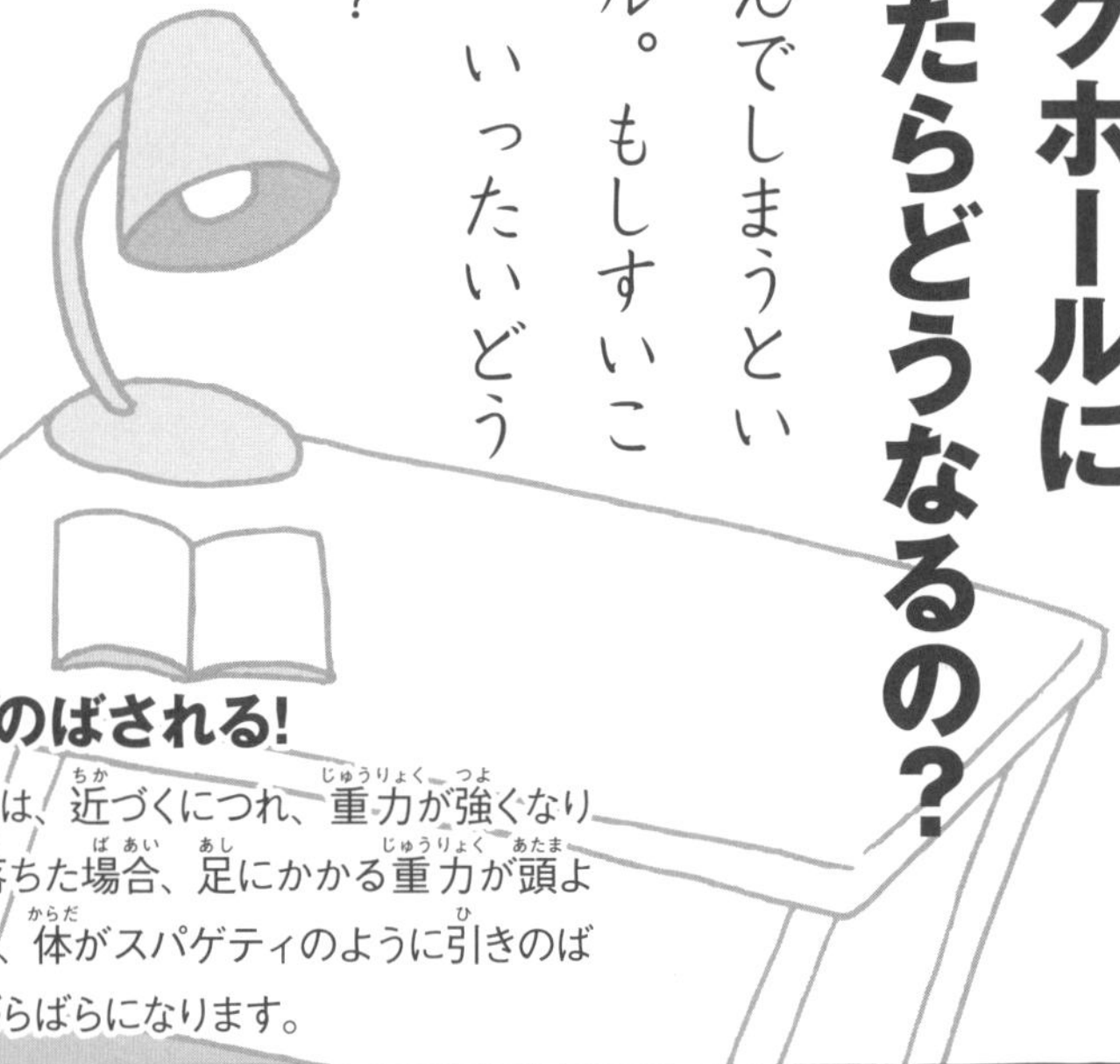

① 引《ひ》きのばされる!

ブラックホールは、近《ちか》づくにつれ、重力《じゅうりょく》が強《つよ》くなります。足《あし》から落《お》ちた場合《ばあい》、足《あし》にかかる重力《じゅうりょく》が頭《あたま》より強《つよ》くなるため、体《からだ》がスパゲティのように引《ひ》きのばされ、やがてばらばらになります。

まぃどー！
おもしろそうだから買《か》ったけど、ブラックホールって何《なに》？
お昼《ひる》ごはんを食《た》べるまで待《ま》てないや！
パカッ
なんだなんだ！？

② さいごには……

ばらばらにされた体《からだ》は、「素粒《そりゅう》子《し》」といういちばん小《ちい》さなつぶまで細《こま》かくなります。

時間《じかん》の進《すす》み方《かた》がちがう!? ブラックホールの中《なか》と外《そと》

勇気《ゆうき》を出《だ》して、ブラックホールに入《はい》ってみましょう! ブラックホールの中《なか》と外《そと》、見《み》える景色《けしき》はどうちがうのでしょう?

ブラックホールにすいこまれようとしている人《ひと》を外《そと》から見《み》たら…?

時間《じかん》が止《と》まって見《み》える?

ブラックホールの近《ちか》くは、空間《くうかん》がゆがみ、時間《じかん》の進《すす》み方《かた》がおそくなり、ほとんど止《と》まって見《み》えます。

ブラックホールにすいこまれようとしている人《ひと》が外《そと》を見《み》たら…？

時間《じかん》がものすごいスピードで流《なが》れていく
地球《ちきゅう》の終《お》わり…
銀河系《ぎんがけい》の終《お》わり…
銀河《ぎんが》のしょうとつ！
宇宙《うちゅう》の終《お》わり…
ぼくはこどくだ…

時間《じかん》が進《すす》んで見《み》える？

ブラックホールの近《ちか》くは時間《じかん》がゆっくり進《すす》むため、外《そと》の世界《せかい》の時間《じかん》がどんどん速《はや》まって見《み》えます。

お母さーん

ブラックホールの近《ちか》くは、重力《じゅうりょく》がとても強《つよ》いため、時間《じかん》の進《すす》み方《かた》がおそくなります。それを外《そと》から見《み》ている人《ひと》とは時間《じかん》の感覚《かんかく》も見《み》える景色《けしき》もまったく変《か》わってしまいます。

でも、これはじっさいに落《お》ちた人《ひと》がいないので、そうぞうするしかありません。それに、本当《ほんとう》に落《お》ちてしまったら出《で》てこられないと考《かんが》えられているので、この先《さき》もとき明《あ》かされることはないのかもしれません…。

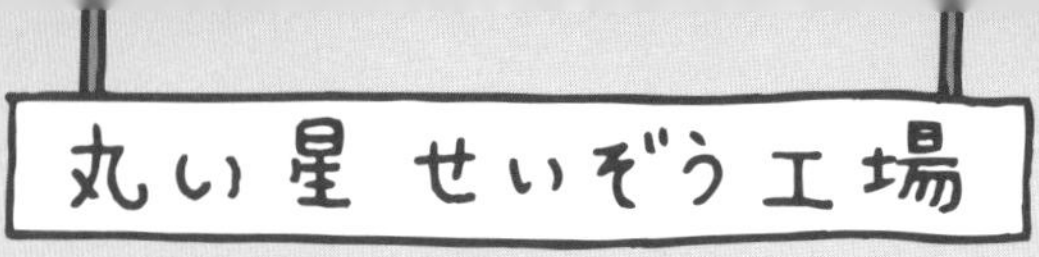
丸い星せいぞう工場

★形《がた》の星《ほし》ってあるの？

星《ほし》の絵《え》は、よく★とかきますね。でも、本当《ほんとう》に★の形《かたち》をしている星《ほし》ってあるのでしょうか？

その答《こた》えは、「わかりません」。

じつは、星《ほし》の形《かたち》は、大《おお》きさによって変《か》わります。

地球《ちきゅう》や月《つき》くらいの大《おお》きさのある星《ほし》は、ほとんどが●になります。

しかし、それよりずっと小《ちい》さな

星《ほし》の成長《せいちょう》

宇宙《うちゅう》にうかぶちりやガスが集《あつ》まって、小《ちい》さな小《ちい》さな星《ほし》が生《う》まれます。そして、今度《こんど》は小《ちい》さな星《ほし》がぶつかり合《あ》ってどろどろにとけながらくっつき、少《すこ》しずつ大《おお》きくなっていきます。

直径《ちょっけい》500から1000キロメートルくらいになると、だんだん丸《まる》くなっていきます。
小《ちい》さすぎると重力《じゅうりょく》も小《ちい》さいから丸《まる》くなれないんだ

星《ほし》は、な形《かたち》や、な形《かたち》、な形《かたち》など、じつにいろいろな形《かたち》をしているのです。

だから、もしかしたら、この広《ひろ》い宇宙《うちゅう》のどこかにひっそりと、★形《がた》の星《ほし》もあるかもしれません。

いろいろな国《くに》の星《ほし》の形《かたち》

星《ほし》を★とあらわすようになったのは、じつは最近《さいきん》のこと。昔《むかし》は、国《くに》によってさまざまなマークを使《つか》っていました。日本《にほん》は、丸《まる》で星《ほし》をあらわしていました。

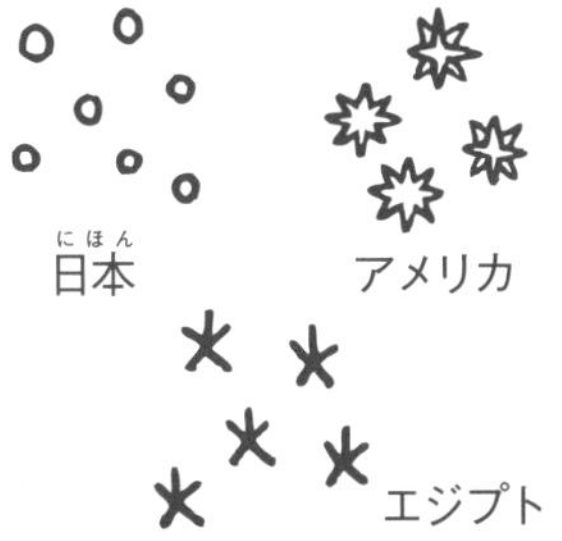
日本《にほん》
アメリカ
エジプト

真《ま》ん中《なか》にぎゅうぎゅうにひっぱられちゃう！
じつはぼく、地球《ちきゅう》も真《ま》ん丸《まる》じゃないんだよ

回転《かいてん》が速《はや》い木星《もくせい》や土星《どせい》は、外向《そとむ》きに引《ひ》っぱられる力《ちから》がはたらき、少《すこ》しつぶれた形《かたち》をしています。

星《ほし》が大《おお》きくなると、自分《じぶん》の重力《じゅうりょく》が星《ほし》の中心《ちゅうしん》に向《む》かってひとしくはたらき、丸《まる》い形《かたち》になります。

流《なが》れ星《ぼし》ってどこに行《い》くの？

夜空《よぞら》にかがやく流《なが》れ星《ぼし》。「見《み》えた！」と思《おも》っても、すーっと流《なが》れて消《き》えてしまいます。いったいどこに消《き》えてしまうのでしょう？

じつは流《なが》れ星《ぼし》のほとんどは、なんてことのない宇宙《うちゅう》のちりです。

このちりが、地球《ちきゅう》の重力《じゅうりょく》に引《ひ》っぱられて地球《ちきゅう》に飛《と》んできます。

しかし、地球《ちきゅう》には空気《くうき》のそうがあるため、ぶつかって空気《くうき》とちりがこすれあい、もえて光《ひか》ります。これが流《なが》れ星《ぼし》なのです。

では、この宇宙《うちゅう》のちりである流《なが》れ星《ぼし》が、どこに行《い》くのかというと、どこにも行《い》きません。地球《ちきゅう》にたどり着《つ》く前《まえ》にはもえつきてしまうため、どこに行《い》くこともなく、ただ消《き》えてしまうのです。

流《なが》れ星《ぼし》はこうして落《お》ちる！

流《なが》れ星《ぼし》のもと①
ちり

宇宙《うちゅう》をただよう、すなつぶよりも小《ちい》さい石《いし》などのかけらのことです。

流《なが》れ星《ぼし》のもと②
すい星《せい》

太陽《たいよう》のまわりを回《まわ》っている小《ちい》さな星《ほし》で、岩《いわ》や氷《こおり》のかけらでできています。太陽《たいよう》に近《ちか》づくと氷《こおり》がとけて、ばらばらになります。

流《なが》れ星《ぼし》のもと③
小惑星《しょうわくせい》

数《すう》メートルから数《すう》キロメートルぐらいの岩《いわ》のかけらです。

流星群《りゅうせいぐん》

すい星《せい》から出《で》たたくさんの岩《いわ》や氷《こおり》のかけらが地球《ちきゅう》へ向《む》かってふりそそぎます。すると一度《いちど》に流《なが》れ星《ぼし》が何十《なんじっ》こも何百《なんびゃく》こも見《み》られます。これが流星群《りゅうせいぐん》です。

流《なが》れ星《ぼし》

地球《ちきゅう》に向《む》かって落《お》ちてくるちりが、上空《じょうくう》80から100キロメートルあたりで地球《ちきゅう》のまわりにある空気《くうき》とこすれあって光《ひか》るものです。

いん石《せき》

地球《ちきゅう》に向《む》かって飛《と》んできた大《おお》きな岩《いわ》のかけらが、空気《くうき》の中《なか》でもえつきず、地上《ちじょう》に落《お》ちてきたものです。

いつ落《お》ちる!? 流《なが》れ星《ぼし》の伝説《でんせつ》

「流《なが》れ星《ぼし》に、3回《かい》お願《ねが》い事《ごと》をいうと、その願《ねが》いはかなう」といわれています。流《なが》れ星《ぼし》の言《い》い伝《つた》えはほかにも古《ふる》くからあって、世界中《せかいじゅう》にいろんな言《い》い伝《つた》えがのこっています。それぞれの国《くに》の流《なが》れ星《ぼし》は、どんなときに落《お》ちるといわれているのでしょうか?

下界《げかい》はどんな様子《ようす》かな？
りっぱなかりゅうどになれますように!

天《てん》のとびらが開《ひら》いたとき…

中央《ちゅうおう》アジアに住《す》んでいたアルタイという民族《みんぞく》は、天《てん》には地上《ちじょう》をのぞきこむためのとびらがあると考《かんが》えていました。そして流《なが》れ星《ぼし》は、神様《かみさま》がこのとびらを開《ひら》いたときにあふれた光《ひかり》だと思《おも》い、とびらがしまる前《まえ》に願《ねが》い事《ごと》をいえば、神様《かみさま》に願《ねが》いをとどけられ、かなうと信《しん》じたのです。

敵《てき》の将軍《しょうぐん》が
死《し》んだ
今《いま》がせめどきだ！
流《なが》れ星《ぼし》の尾《お》なんてのこしたら、
あなたとのデートが
人《ひと》に見《み》つかっちゃうじゃない
星はすばる
ひこぼし。
ゆふづつ。
よばひ星すこしをかし
尾だになからましかば
まいて。

好《す》きな人《ひと》に会《あ》いたいとき…

昔《むかし》の日本《にほん》では、会《あ》いたいと思《おも》うあまりにたましいがぬけ出《だ》して、好《す》きな人《ひと》のところに会《あ》いに行《い》くすがたを流《なが》れ星《ぼし》だとたとえることがありました。

人《ひと》が死《し》んだとき…

流《なが》れ星《ぼし》は人《ひと》のたましいで、人《ひと》が死《し》んだときに流《なが》れるもの、という考《かんが》え方《かた》もありました。中国《ちゅうごく》の有名《ゆうめい》な『三国志《さんごくし》』という歴史《れきし》の本《ほん》にも、将軍《しょうぐん》が死《し》んだときに、とても大《おお》きな流《なが》れ星《ぼし》が落《お》ちたという話《はなし》がえがかれています。

やってみよう

流星群《りゅうせいぐん》を見《み》てみよう!

一度《いちど》にたくさんの流《なが》れ星《ぼし》が見《み》える、流星群《りゅうせいぐん》。見《み》える時期《じき》や場所《ばしょ》を調《しら》べて、流星群《りゅうせいぐん》をさがしに行《い》きましょう！

用意《ようい》するもの

- ねぶくろや毛布《もうふ》、カイロなど寒《さむ》さから身《み》を守《まも》るもの
- レジャーシート
- かいちゅう電灯《でんとう》
- 星座早見盤《せいざはやみばん》
- そうがんきょう

注意《ちゅうい》 必《かなら》ず大人《おとな》といっしょに行《い》きましょう。夜《よる》はまわりが見《み》えにくいので、足元《あしもと》には十分気《じゅうぶんき》をつけましょう。

1 流星群《りゅうせいぐん》の見《み》られる時期《じき》をかくにんする

毎年《まいとし》、流星群《りゅうせいぐん》が見《み》られる時期《じき》はだいだい決《き》まっていますが、たくさん見《み》られるピークの日時《にちじ》はその年《とし》によって変《か》わります。また、流星群《りゅうせいぐん》は光《ひかり》が弱《よわ》いので満月《まんげつ》の日《ひ》はさけましょう。

毎年見《まいとしみ》られる おもな流星群《りゅうせいぐん》

しぶんぎ座流星群《ざりゅうせいぐん》
1月《がつ》はじめころ

ペルセウス座流星群《ざりゅうせいぐん》
7月《がつ》なかば～8月終《がつお》わり

ふたご座流星群《ざりゅうせいぐん》
12月《がつ》はじめからなかば

② 見《み》られる場所《ばしょ》へ、いどうする

流星群《りゅうせいぐん》の光《ひかり》はとても弱《よわ》いので、できるだけ街《まち》の明《あ》かりが少《すく》ない場所《ばしょ》を選《えら》びましょう。また、空全体《そらぜんたい》が見《み》わたせる場所《ばしょ》を選《えら》ぶことも大切《たいせつ》です。

③ 観察《かんさつ》じゅんびをする

レジャーシートをしき、横《よこ》になれるスペースをつくります。カイロをはったり、ねぶくろを着《き》たりして、寒《さむ》さをふせいだら、ねころがります。

④ 流星群《りゅうせいぐん》を観察《かんさつ》する

流星群《りゅうせいぐん》は、決《き》まった方角《ほうがく》にあらわれるわけではなく、いろいろな場所《ばしょ》に流《なが》れます。そのため、空全体《そらぜんたい》をなるべく注意《ちゅうい》して観察《かんさつ》します。そして、見《み》えた数《かず》を数《かぞ》えたり、星座早見盤《せいざはやみばん》やそうがんきょうを使《つか》っていろんな星《ほし》をさがしたりするのも、おもしろいでしょう。

月《つき》は明《あか》るいから
なるべく月《つき》の方向《ほうこう》は
見《み》ないほうがいいよ

星《ほし》は毎日同《まいにちおな》じところにいるの？

長《なが》く星《ほし》をながめていると、少《すこ》しずつ星《ほし》が動《うご》いているように見《み》えます。これは、じっさいに星《ほし》がいどうしたわけではなく、わたしたちがいる地球《ちきゅう》が自分《じぶん》で回《まわ》っているために動《うご》いて見《み》えるのです。

また、毎日同《まいにちおな》じ場所《ばしょ》に同《おな》じ星《ほし》が見《み》えるわけではありません。これは、地球《ちきゅう》が太陽《たいよう》のまわりを回《まわ》っているため、見《み》える星《ほし》の方向《ほうこう》が変《か》わるからです。星《ほし》の動《うご》きを追《お》いかけてみましょう。

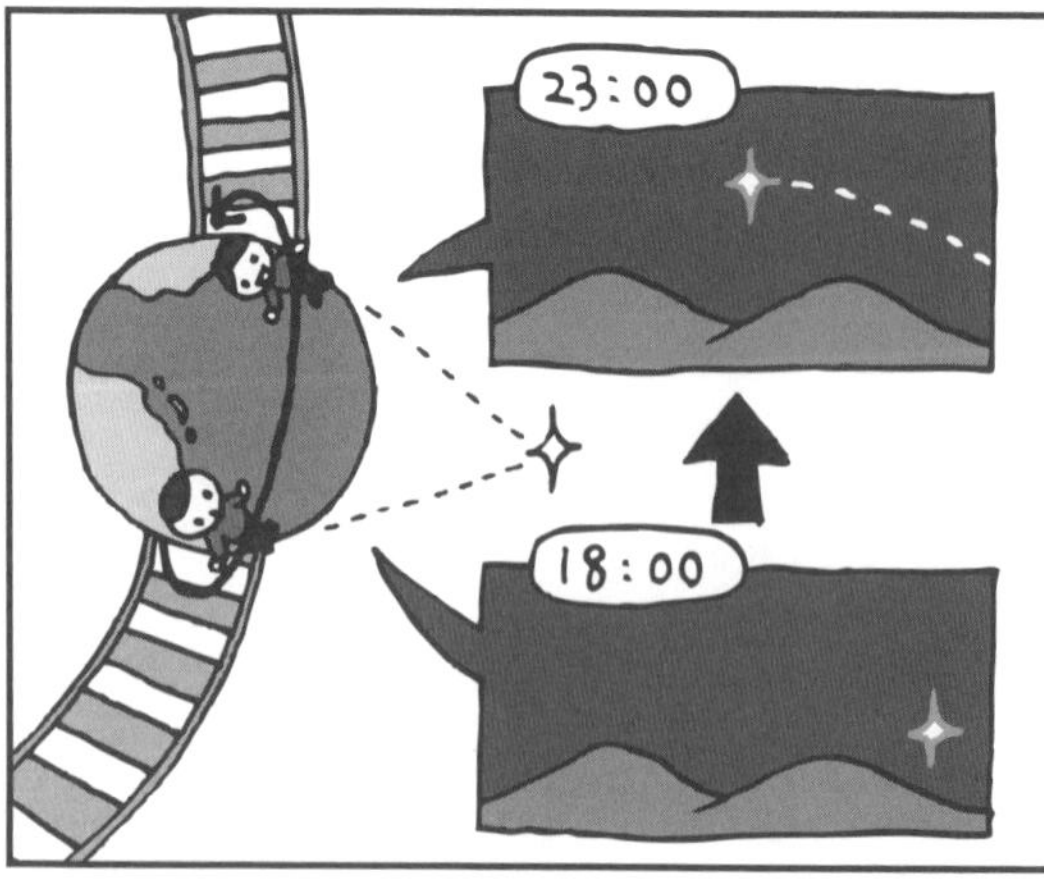

1日《にち》の星《ほし》の動《うご》き

1日のうちに、地球《ちきゅう》で星《ほし》を見《み》ている人《ひと》の位置《いち》が変《か》わったため、星《ほし》が見《み》える方角《ほうがく》も変《か》わったのです。

太陽《たいよう》がのぼってしずむのと同《おな》じですね。

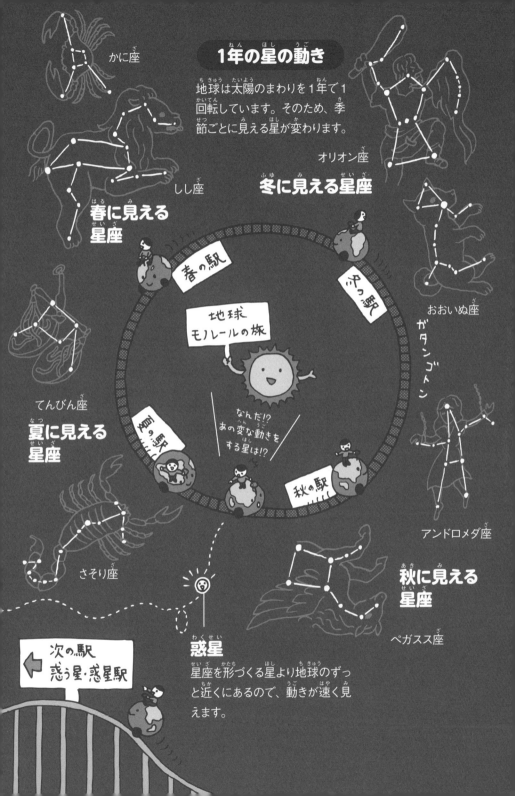

1年《ねん》の星《ほし》の動《うご》き

地球《ちきゅう》は太陽《たいよう》のまわりを1年《ねん》で1回転《かいてん》しています。そのため、季《き》節《せつ》ごとに見《み》える星《ほし》が変《か》わります。

かに座《ざ》

しし座《ざ》

春《はる》に見《み》える星座《せいざ》

オリオン座《ざ》

冬《ふゆ》に見《み》える星座《せいざ》

おおいぬ座《ざ》

てんびん座《ざ》

夏《なつ》に見《み》える星座《せいざ》

アンドロメダ座《ざ》

さそり座《ざ》

秋《あき》に見《み》える星座《せいざ》

ペガスス座《ざ》

惑星《わくせい》

星座《せいざ》を形《かたち》づくる星《ほし》より地球《ちきゅう》のずっと近《ちか》くにあるので、動《うご》きが速《はや》く見《み》えます。

人《ひと》を惑《まど》わす星《ほし》、「惑星《わくせい》」

大昔《おおむかし》、地球《ちきゅう》は宇宙《うちゅう》の中心《ちゅうしん》にあり、そのまわりを太陽《たいよう》などの星《ほし》が回《まわ》っていると考《かんが》えられていました。しかしその考《かんが》えは大《おお》まちがい！

そう気《き》づかせたのは、人《ひと》を惑《まど》わす星《ほし》、「惑星《わくせい》」でした。

わたしの考《かんが》えはこうだよ。地球《ちきゅう》も火星《かせい》も太陽《たいよう》のまわりを回《まわ》っている。地球《ちきゅう》は火《か》星《せい》の内側《うちがわ》を回《まわ》っていて、回《まわ》るきょりが火星《かせい》より短《みじか》いから、たまに火星《かせい》を追《お》いぬくんだ。すると火星《かせい》はとちゅうで後《うし》ろ向《む》きに進《すす》んでいるように見《み》えるだろ？ 惑星《わくせい》はこんなふうに、もっとわかりやすい動《うご》きをしているのさ
火星《かせい》の見《み》え方《かた》
火星《かせい》
地球《ちきゅう》
太陽《たいよう》
しかし、この考《かんが》えは神《かみ》にそむく罪《つみ》とされ、火《ひ》あぶりにされることさえありました。
ギャ
死《し》にたくない…でも「地動説《ちどうせつ》」の本《ほん》を出《だ》したい…
けっきょく本《ほん》が出版《しゅっぱん》されたのはコペルニクスが死《し》ぬ直前《ちょくぜん》のことでした。
そしてコペルニクスの死後《しご》、コペルニクスと同《おな》じように考《かんが》えた人《ひと》がいました。「ガリレオ・ガリレイ」です。
ガリレオは、自分《じぶん》でつくった望遠鏡《ぼうえんきょう》で星《ほし》の動《うご》きを観《かん》察《さつ》しました。
やっぱり地球《ちきゅう》は太陽《たいよう》のまわりを回《まわ》っているぞ！
ところが、ガリレオもこの考《かんが》えをみとめてもらえず、家《いえ》にとじこめられてしまいました。
でも考《かんが》えるのはいくらでも自由《じゆう》だからな。死《し》ぬまで研究《けんきゅう》を続《つづ》けるんだ！
ガリレオの考《かんが》えが正《ただ》しいと受《う》けいれられたのは、ガリレオが死《し》んだあとでした。
惑星《わくせい》は、その動《うご》きで人《ひと》を惑《まど》わしながらも、地《ち》動説《どうせつ》という考《かんが》えを引《ひ》き出《だ》すきっかけとなった星《ほし》だったのです。

動《うご》かない星《ほし》、「北極星《ほっきょくせい》」

ふしぎな動《うご》きをして人《ひと》を惑《まど》わす惑星《わくせい》があれば、昔《むかし》から人《ひと》びとの目印《めじるし》となり続《つづ》けている星《ほし》もあります。それが、「北極星《ほっきょくせい》」です。

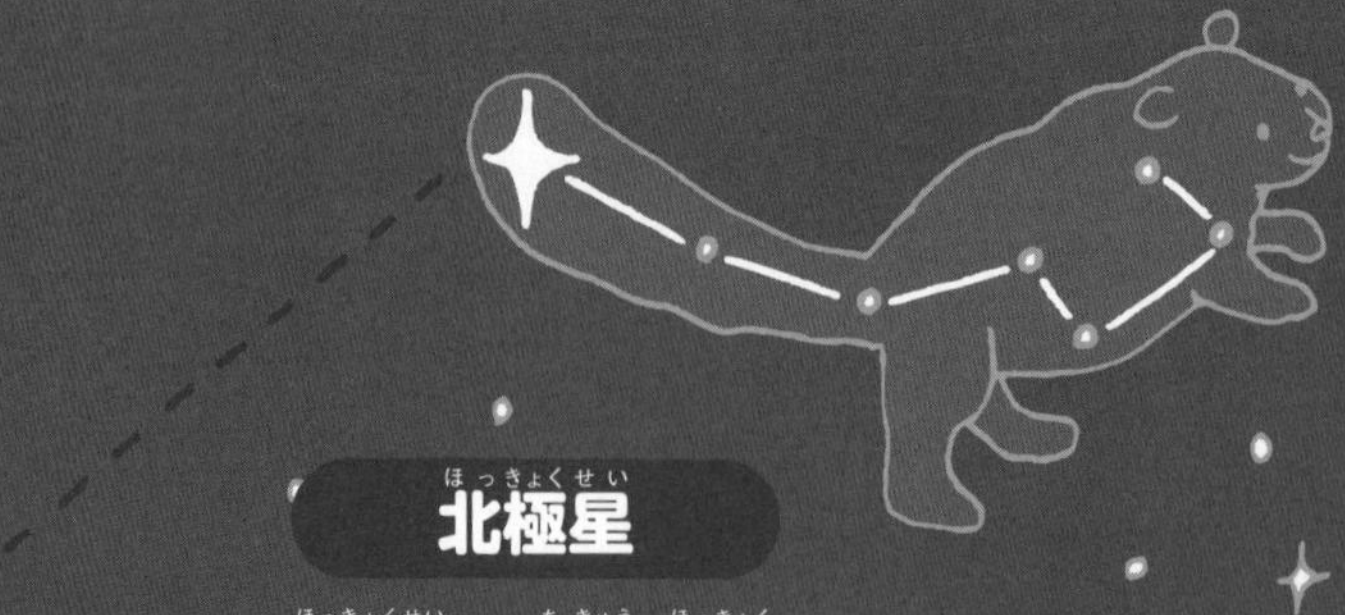

北極星《ほっきょくせい》

北極星《ほっきょくせい》は、地球《ちきゅう》の北極《ほっきょく》のずーっと先《さき》にある星《ほし》のことで、こぐま座《ざ》の中《なか》にある、ポラリスという星《ほし》です。

方向《ほうこう》を知《し》る手《て》がかりに

北極星《ほっきょくせい》はずっと北《きた》に見《み》えて動《うご》かない星《ほし》です。そのため、方角《ほうがく》を知《し》るための目印《めじるし》になっていました。

地球《ちきゅう》から、1年中《ねんじゅう》ずっと見《み》られるため、昔《むかし》からまわりに方角《ほうがく》の手《て》がかりとなるものが何《なに》もない場所《ばしょ》で大《おお》いに役立《やくだ》ってきたのです。

そんな北極星《ほっきょくせい》は、じつは船乗《ふなの》りたちが見《み》つけたという説《せつ》もあります。

北極星《ほっきょくせい》の発見《はっけん》！

船乗《ふなの》りたちはこまっていた。
航海《こうかい》するとき目印《めじるし》になるものがあればな…
ん？ なんだあの星《ほし》は… さっきからあれだけ全然《ぜんぜん》動《うご》かないぞ。ずっと北《きた》にあるな

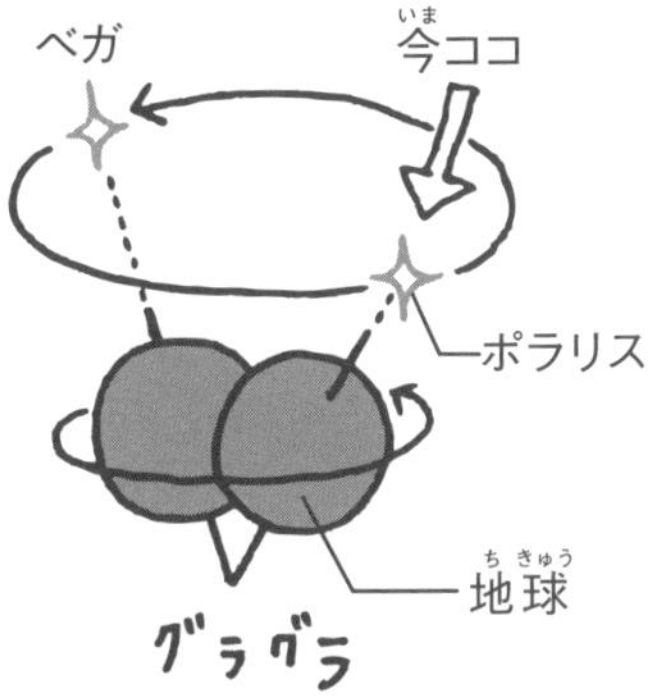
ベガ
今《いま》ココ
ポラリス
地球《ちきゅう》
グラグラ

未来《みらい》の北極星《ほっきょくせい》

地球《ちきゅう》の中心《ちゅうしん》を通《とお》るじくも、じつは長《なが》い時間《じかん》をかけて円《えん》をかくように動《うご》いています。そのため、1万《まん》3000年後《ねんご》には、北極星《ほっきょくせい》の場所《ばしょ》にあるのは、ポラリスではなく、こと座《ざ》のベガになっていると考《かんが》えられています。

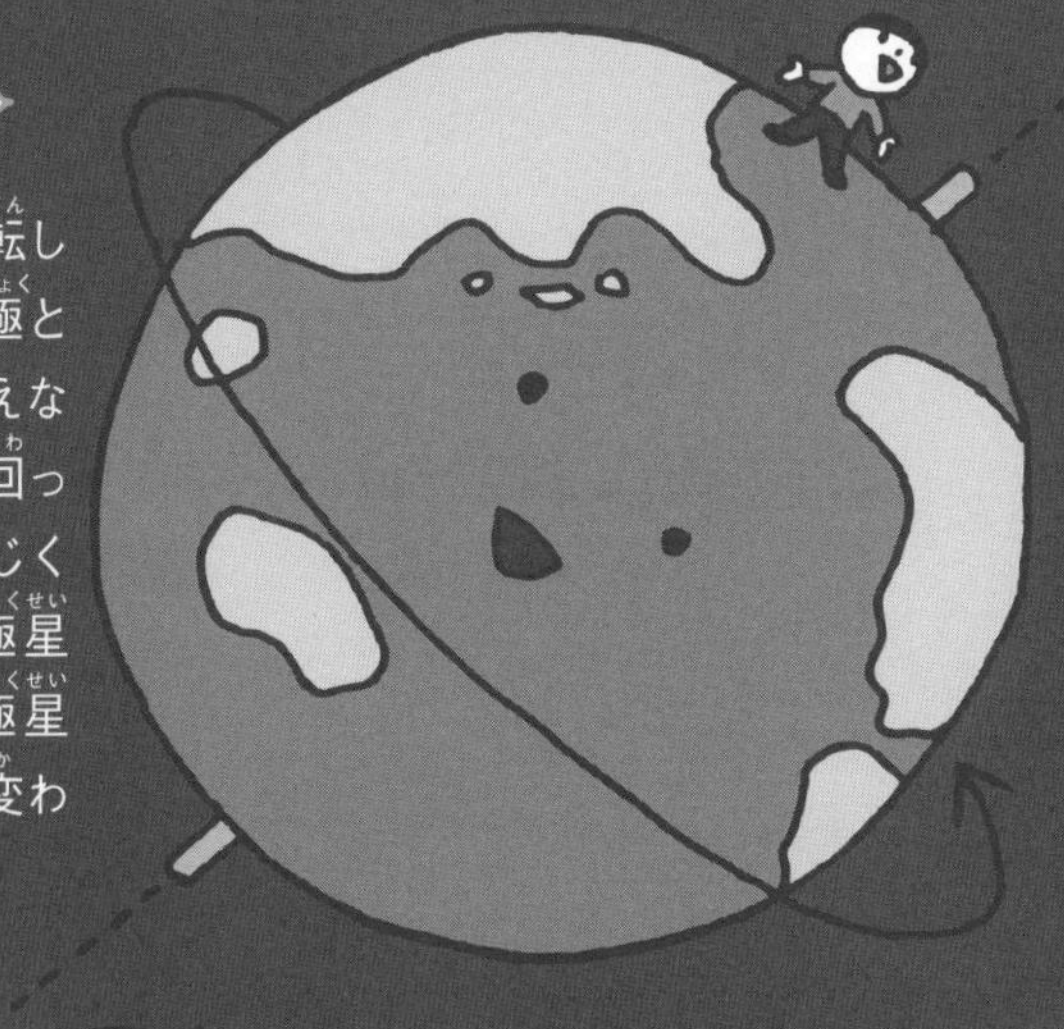

地球《ちきゅう》は自分《じぶん》で回転《かいてん》していますが、北極《ほっきょく》と南極《なんきょく》を通《とお》る、見《み》えないじくを中心《ちゅうしん》に回《まわ》っています。このじくのずっと先《さき》に北極星《ほっきょくせい》があるため、北極星《ほっきょくせい》の見《み》える場所《ばしょ》は変《か》わらないのです。

その星《ほし》は「ポラリス」。

北

真北《まきた》をさす星《ほし》として「北極星《ほっきょくせい》」と名《な》づけられました。

北極星《ほっきょくせい》はこうして人《ひと》びとにとって大事《だいじ》な目印《めじるし》になる星《ほし》となったのです。

この星《ほし》さえあれば、いつでもどこでも旅《たび》ができる！

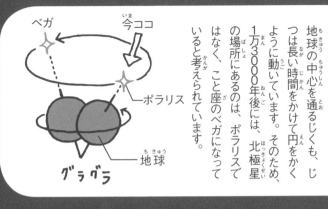

遠《とお》くの星《ほし》はどうやって見《み》ればいいの？

遠《とお》くの星《ほし》を見《み》るためには、まずその星《ほし》が出《だ》す光《ひかり》をつかまえることが必要《ひつよう》です。そこで、かつやくするのが望遠鏡《ぼうえんきょう》です。

星《ほし》の光《ひかり》は、はじめに望遠鏡《ぼうえんきょう》の大《おお》きな鏡《かがみ》に集《あつ》められます。すると、次《つぎ》は虫《むし》めがねのやくわりをする小《ちい》さなレンズに集《あつ》められます。このレンズに光《ひかり》が集《あつ》まると、星《ほし》の光《ひかり》は大《おお》きくうつし出《だ》されるのです。

小《ちい》さな望遠鏡《ぼうえんきょう》では、見《み》えるのは土星《どせい》ぐ

副鏡《ふくきょう》
大《おお》きな鏡《かがみ》
①光《ひかり》を集《あつ》める
小《ちい》さなレンズ
②光《ひかり》のすがたを大《おお》きくする

望遠鏡《ぼうえんきょう》

光《ひかり》を大《おお》きな鏡《かがみ》で集《あつ》めます。副鏡《ふくきょう》という鏡《かがみ》で光《ひかり》の向《む》きを変《か》え、小《ちい》さなレンズを通《とお》して、星《ほし》を観測《かんそく》します。また、光《ひかり》のくっ折《せつ》という曲《ま》がり方《かた》のちがいを利用《りよう》した望遠鏡《ぼうえんきょう》もあります。

らいまでですが、もっと遠《とお》くの宇宙《うちゅう》を見《み》られる望遠鏡《ぼうえんきょう》もあります。

宇宙《うちゅう》は空気《くうき》がないから、星《ほし》の光《ひかり》がじゃまされずにきれいに見《み》えるんだ！遠《とお》くの星《ほし》もよく見《み》えるよ！

ハッブル宇宙望遠鏡《うちゅうぼうえんきょう》

宇宙空間《うちゅうくうかん》にういている望遠鏡《ぼうえんきょう》。鏡《かがみ》の大《おお》きさは2.4メートル。レンズのかわりにカメラを使《つか》って星《ほし》の様子《ようす》をさつえいします。

すばる望遠鏡《ぼうえんきょう》

直径《ちょっけい》8メートルをこえる大《おお》きな鏡《かがみ》をもつ望遠鏡《ぼうえんきょう》です。副鏡《ふくきょう》のほかに、第《だい》3鏡《きょう》という鏡《かがみ》がついています。大《おお》きな鏡《かがみ》に集《あつ》められた光《ひかり》は、副鏡《ふくきょう》、第《だい》3鏡《きょう》をはねかえり、観測《かんそく》そうちに送《おく》られます。遠《とお》くの星《ほし》もよく見《み》えます。

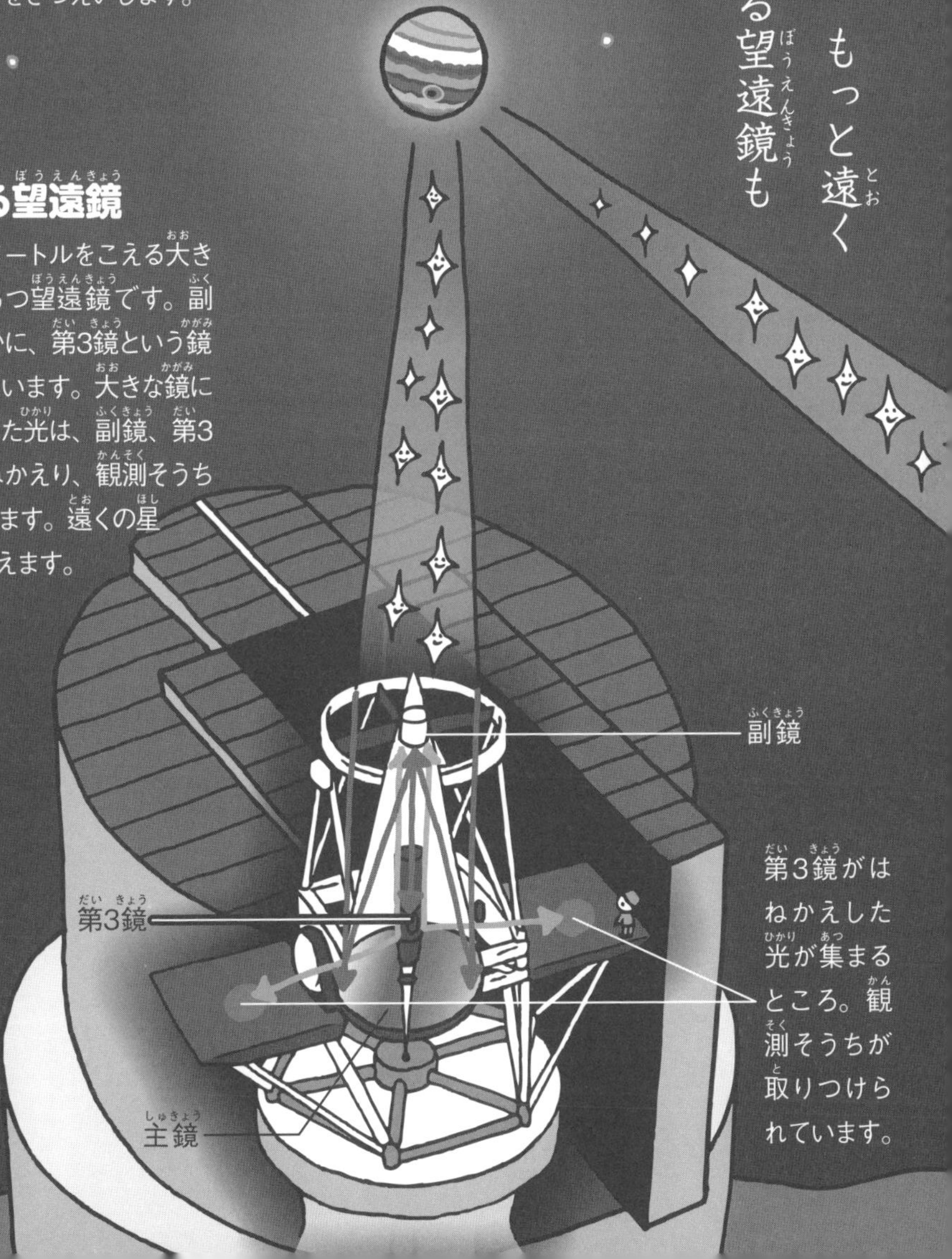
副鏡《ふくきょう》
第《だい》3鏡《きょう》
主鏡《しゅきょう》
第《だい》3鏡《きょう》がはねかえした光《ひかり》が集《あつ》まるところ。観《かん》測《そく》そうちが取《と》りつけられています。

宇宙《うちゅう》からやってくるメッセージ、「電磁波《でんじは》」

星《ほし》は、光《ひかり》だけを出《だ》しているわけではありません。光《ひかり》は、星《ほし》が出《だ》している「電磁波《でんじは》」という波《なみ》のほんの一部《いちぶ》。いろいろな種類《しゅるい》の電磁波《でんじは》を調《しら》べれば、さまざまな宇宙《うちゅう》のすがたを知《し》ることができます。これらの電磁波《でんじは》は、毎日《まいにち》のくらしにも役立《やくだ》てられています。

紫外線《しがいせん》

生《う》まれたばかりの温度《おんど》の高《たか》い星《ほし》を見《み》つけることができます。

エックス線《せん》

星《ほし》を飲《の》みこんだあとにブラックホールが出《だ》すガスを観《かん》測《そく》できます。

ガンマ線《せん》

星《ほし》が大《だい》ばくはつを起《お》こした残《ざん》がいを観測《かんそく》できます。

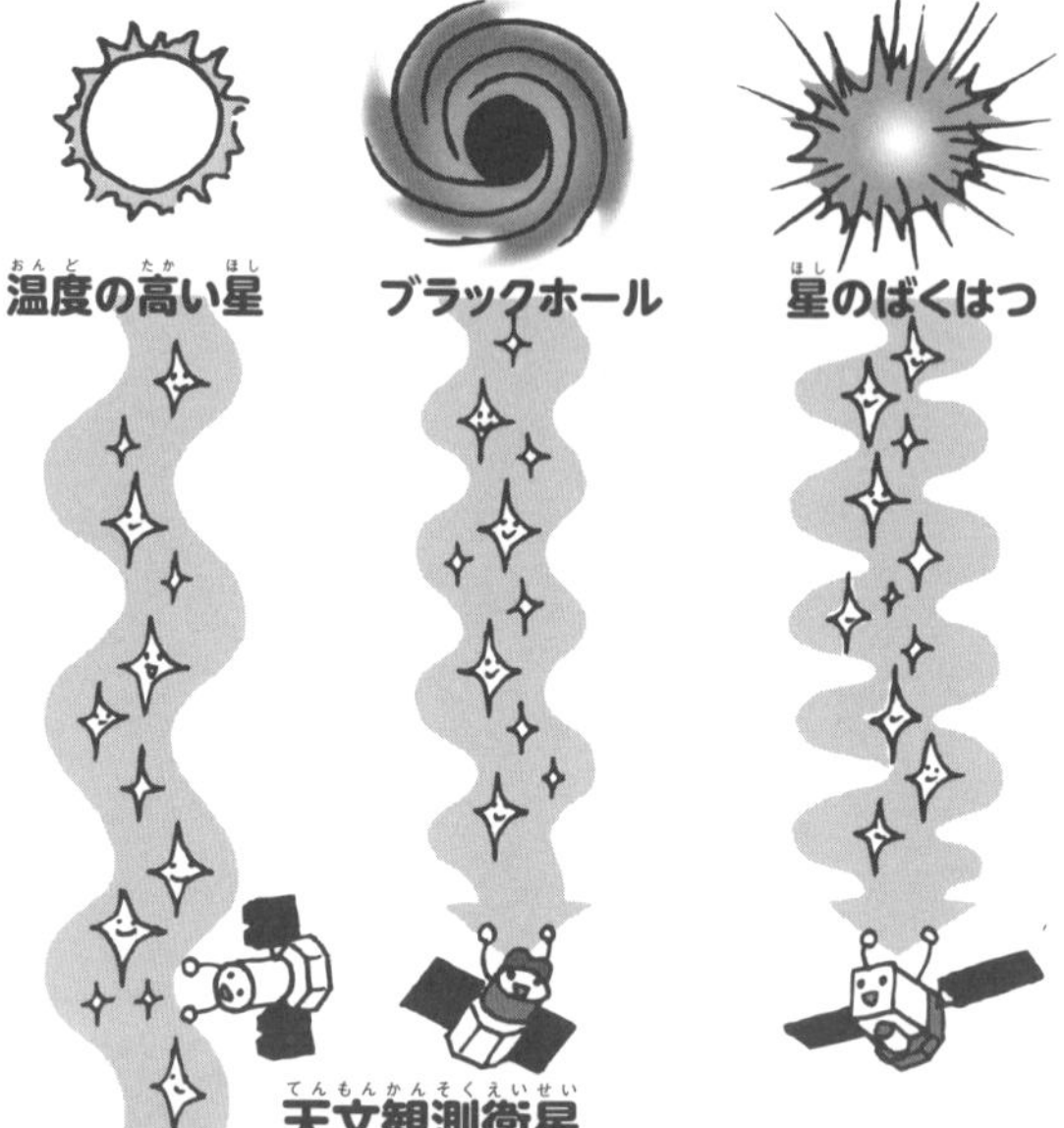

温度《おんど》の高《たか》い星《ほし》
ブラックホール
星《ほし》のばくはつ

天文観測衛星《てんもんかんそくえいせい》

電磁波《でんじは》は空気《くうき》にさえぎられやすく、とくにエックス線《せん》やガンマ線《せん》は、地上《ちじょう》にとどかないため、さまざまな天文観測《てんもんかんそく》衛星《えいせい》が宇宙《うちゅう》でかつやくしています。

日焼《ひや》けのげんいんは、この紫外線《しがいせん》！
エックス線《せん》で写真《しゃしん》をとると、体《からだ》の中《なか》がすけて見《み》えるので、レントゲンに使《つか》われるよ
ガンマ線《せん》はしゅじゅつの道具《どうぐ》の殺菌《さっきん》にも使《つか》われるよ

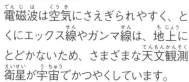

ニュートリノ

宇宙《うちゅう》の中《なか》でいちばん小《ちい》さいつぶ。大《おお》きさは0.0000000000000001センチメートル。星《ほし》がばくはつするときに放《ほう》出《しゅつ》されます。

電波《でんぱ》

弱《よわ》くてもさえぎられずに遠《とお》くまでとどきます。星《ほし》が生《う》まれる材料《ざいりょう》のガスなどを見《み》つけられます。

赤外線《せきがいせん》

温度《おんど》の低《ひく》い星《ほし》や、ちりにかくれて見《み》えない星《ほし》などを見《み》ることができます。

可視光線《かしこうせん》

星《ほし》や銀河《ぎんが》のかがやくようすを観《かん》測《そく》できます。

星《ほし》のばくはつ
ガス
温度《おんど》の低《ひく》い星《ほし》
星《ほし》や銀河《ぎんが》
電波《でんぱ》は、けいたい電話《でんわ》やテレビ放送《ほうそう》などの通信《つうしん》にも使《つか》われているよ
赤外線《せきがいせん》はものをあたためる力《ちから》があるよ
かがやく星《ほし》の光《ひかり》は可視光線《かしこうせん》だよ

電波望遠鏡《でんぱぼうえんきょう》

大《おお》きなアンテナで電波《でんぱ》をとらえます。

光学《こうがく》・赤外線望遠鏡《せきがいせんぼうえんきょう》

可視光線《かしこうせん》や赤外《せきがい》線《せん》を観測《かんそく》します。

スーパーカミオカンデ

ニュートリノをつかまえます。宇宙《うちゅう》からくるほかのつぶにじゃまされないよう、地下深《ちかふか》くにつくられています。

地球《ちきゅう》からずっと遠《とお》いところには、どんな星《ほし》があるの？

そうぞうもできないくらい広《ひろ》い広《ひろ》い宇宙《うちゅう》。遠《とお》い宇宙《うちゅう》には、地球《ちきゅう》の近《ちか》くでは見《み》られないようなふしぎなとくちょうをもった星《ほし》がたくさんあります。いっしょに見《み》てみましょう。

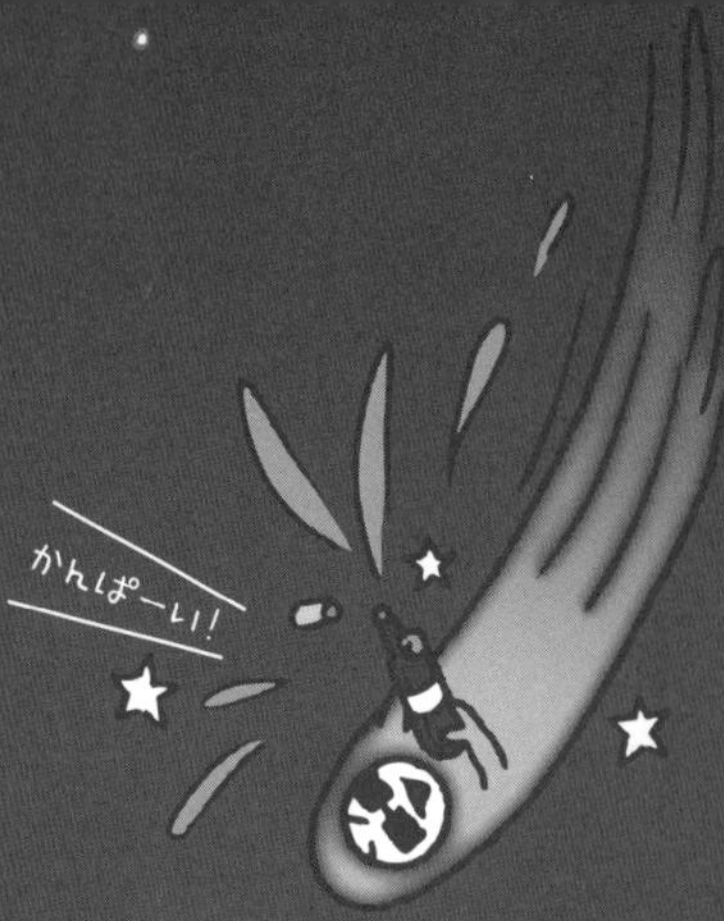
かんぱーい!

お酒《さけ》をふき出《だ》す星《ほし》!

1秒間《びょうかん》にワインボトル500本分《ぼんぶん》のアルコールをふき出《だ》します。

お酒《さけ》がふってきた!?

こわされ続《つづ》ける星《ほし》!

すぐ近《ちか》くにある重力《じゅうりょく》の強《つよ》い星《ほし》に、少《すこ》しずつ表面《ひょうめん》をはぎとられています。このままいくと、1000万年以内《まんねんいない》になくなるといわれています。

出発《しゅっぱつ》!

地球《ちきゅう》からいちばん遠《とお》い星《ほし》!

今《いま》見《み》つかっている中《なか》でいちばん遠《とお》い星《ほし》は、地球《ちきゅう》から光《ひかり》の速《はや》さで133億年《おくねん》かかる場所《ばしょ》にあります。

もっとも明《あか》るい星《ほし》!

その明《あか》るさは太陽《たいよう》の4000万《まん》倍《ばい》! とても重《おも》たく、短《みじか》い命《いのち》で青白《あおじろ》くかがやきます。

強力《きょうりょく》な重力《じゅうりょく》の星《ほし》!

大《おお》きさが20キロメートルぐらい、重《おも》さが太陽《たいよう》の2倍《ばい》ぐらいある星《ほし》。角《かく》ざとう1こ分《ぶん》の重《おも》さが1兆《ちょう》キログラムもあり、とても強《つよ》い重力《じゅうりょく》をもっています。

お湯《ゆ》をふき出《だ》す星《ほし》!

約《やく》10万度《まんど》のお湯《ゆ》を、高速《こうそく》でふき出《だ》している若《わか》い星《ほし》です。1秒間《びょうかん》にふき出《で》るお湯《ゆ》は、アマゾン川《がわ》の1億倍《おくばい》くらいあります。

岩《いわ》の雨《あめ》がふりそそぐ星《ほし》!

近《ちか》くに高温《こうおん》の星《ほし》があるため、地《ち》上《じょう》の温度《おんど》は2000度以上《どいじょう》。とけた岩《いわ》の海《うみ》が広《ひろ》がり、岩《いわ》が水《みず》のように蒸発《じょうはつ》し、冷《ひ》えて小石《こいし》の雨《あめ》がふりそそぎます。

地球《ちきゅう》がほろびたらどこにすめばいいの？

もし、地球《ちきゅう》に何《なに》かが起《お》きて、もうすめなくなってしまったとしたら、どうしたらいいのでしょうか？　ほかにすめる星《ほし》はあるのでしょうか？

まず、地球《ちきゅう》と同《おな》じような星《ほし》をさがしてみましょう。そのときに目安《めやす》になるのが、「ハビタブルゾーン」という、生命《せいめい》がたん

ハビタブルゾーン

生《い》き物《もの》がすめるじょうけんは、まず、水《みず》が水《みず》のじょうたいでいられるかどうかということ。惑星《わくせい》は太陽《たいよう》のように自分《じぶん》で光《ひか》る恒星《こうせい》のまわりにできます。惑星《わくせい》が恒星《こうせい》に近《ちか》すぎるとあつくて水《みず》がじょうはつしてしまい、遠《とお》すぎるとこおってしまいます。

水《みず》でいられるエリアをハビタブルゾーンといいます。

じょうできると考《かんが》えられているエリアです。このエリアには、地球《ちきゅう》ににている星《ほし》があり、人《ひと》がうつりすめるかもしれないと考《かんが》えられています。

次《つぎ》にすむならこの星《ほし》!

ケプラー 452b

地球《ちきゅう》とほぼ同《おな》じ大《おお》きさで、あたたかいため、水《みず》があると考《かんが》えられています。とても地球《ちきゅう》ににており、「第二《だいに》の地球《ちきゅう》」とよばれています。ただ、光《ひかり》の速《はや》さでそこに向《む》かったとしても、1400年《ねん》かかってしまうので、今《いま》の科学《かがく》ぎじゅつで行《い》くには、遠《とお》すぎます。

でも、こんなに遠《とお》い星《ほし》まで行《い》かずにすむかも?

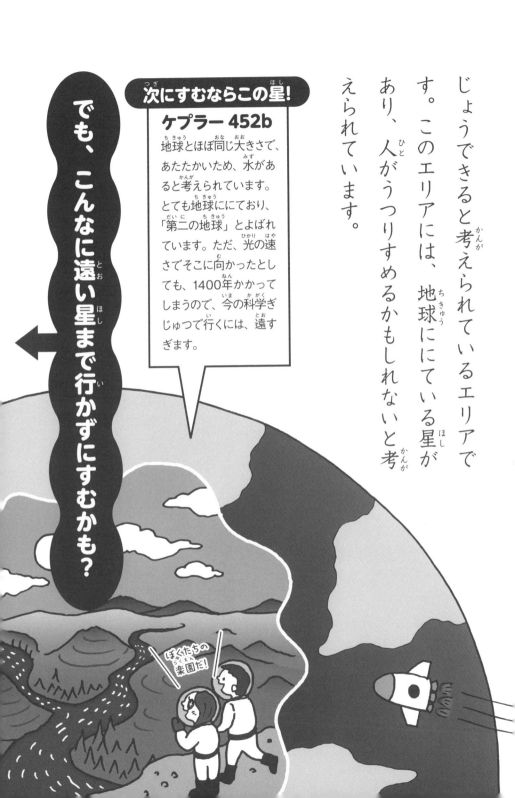

太陽系《たいようけい》いじゅう計画《けいかく》

遠《とお》くの星《ほし》まで行《い》かなくても、太陽系《たいようけい》の星《ほし》や宇宙船《うちゅうせん》などでも人間《にんげん》がくらせるように、さまざまな計画《けいかく》がぎろんされています。

月《つき》

人《ひと》が住《す》める宇宙船《うちゅうせん》をつくるため、基地《きち》がつくられるかもしれません。

スペースコロニー

地球《ちきゅう》と月《つき》のあいだにつくる、人類《じんるい》がくらすための宇宙船《うちゅうせん》。太陽電《たいようでん》池《ち》でエネルギーをつくります。また、空気《くうき》や水《みず》も運《はこ》びこまれ、山《やま》や湖《みずうみ》、重力《じゅうりょく》も人工的《じんこうてき》につくります。

火星《かせい》

火星《かせい》は寒《さむ》いため、星全《ほしぜん》体《たい》をあたためます。そして、地中《ちちゅう》の氷《こおり》をとかし、地球《ちきゅう》のようなかんきょうに変《か》えます。

金星《きんせい》

空気《くうき》のあつりょくが地球《ちきゅう》よりもずっと高《たか》いため、地上《ちじょう》でくらすとつぶされてしまいます。そのため空中《くうちゅう》になら都市《とし》をつくれるかもしれません。

宇宙《うちゅう》の仕事《しごと》のふしぎ

はじめて宇宙《うちゅう》に行《い》ったのはだれ？

人類《じんるい》は、何千年《なんぜんねん》も前《まえ》から、遠《とお》い宇宙《うちゅう》をゆめ見《み》てきました。しかし、じっさいに人《ひと》が宇《う》宙《ちゅう》に行《い》くには、高《たか》いぎじゅつが必要《ひつよう》でした。ようやく行《い》けたのは、1961年《ねん》のこと。選《えら》ばれたのは、ソビエト連邦《れんぽう》の労働者《ろうどうしゃ》階級出身《かいきゅうしゅっしん》、ユーリー・ガガーリンでした。国《くに》の期待《きたい》をせおって宇宙《うちゅう》に飛《と》び立《た》ち、みごと地球《ちきゅう》へ帰《かえ》ってきたガガーリンは、世界中《せかいじゅう》のヒーローになったのです。

ガガーリン伝説《でんせつ》

伝説《でんせつ》1

背《せ》が低《ひく》いから宇宙《うちゅう》へ行《い》けた!?

当時《とうじ》の宇宙船《うちゅうせん》はとてもせまくて、大《おお》がらな人《ひと》は中《なか》に入《はい》れませんでした。ガガーリンは身長《しんちょう》158センチメートルほどと小《こ》がらで、宇宙船《うちゅうせん》に入《はい》るにはぴったり。だから最初《さいしょ》の宇宙《うちゅう》飛行士《ひこうし》に選《えら》ばれたのです。

伝説《でんせつ》2

笑顔《えがお》が決《き》め手《て》だった!?

ガガーリンは、宇宙飛行士《うちゅうひこうし》になるためのきびしい試験《しけん》や訓練《くんれん》で、1位《い》にはなれませんでした。しかし、3000人《にん》の中《なか》から、たったひとり選《えら》ばれました。その理由《りゆう》は、身分《みぶん》が高《たか》くなかったこと、そして何《なに》より笑顔《えがお》です。「笑顔《えがお》がすてきな人《ひと》は心《こころ》も体《からだ》も健康《けんこう》のはず」というイメージをもたれるため、世界中《せかいじゅう》に愛《あい》されるヒーローにふさわしいとソビエト連邦《れんぽう》は考《かんが》えたようです。

伝説《でんせつ》4

宇宙《うちゅう》に行《い》っているあいだにえらくなった!?

ガガーリンは宇宙《うちゅう》に行《い》っているあいだに、軍人《ぐんじん》の位《くらい》がふたつも上《あ》がりました。一気《いっき》に2段階《だんかい》もえらくなるのはめったにないことで、それだけ宇宙飛行《うちゅうひこう》がものすごい偉業《いぎょう》だというあかしなのです。

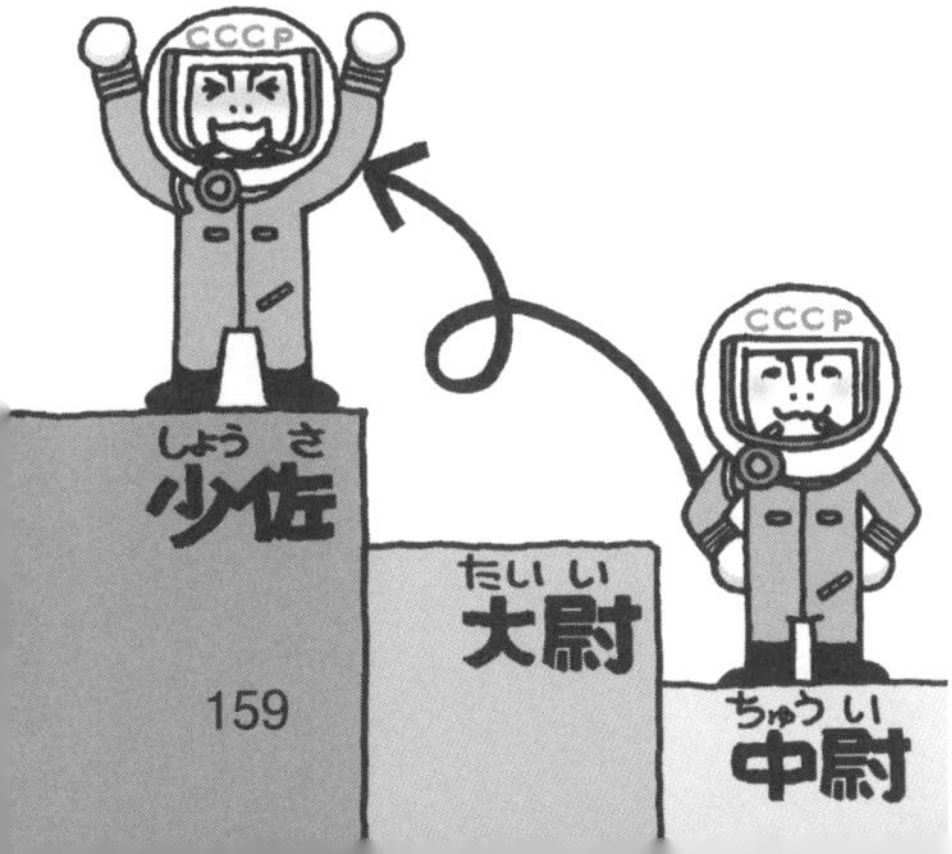

伝説《でんせつ》3

家族《かぞく》も知《し》らない!?

宇宙《うちゅう》に人類《じんるい》が行《い》く計画《けいかく》は、ソビエト連邦《れんぽう》にとって、ほかの国《くに》にはぜったいにもらしてはいけない最大《さいだい》のひみつでした。そのため、家族《かぞく》はガガーリンの宇宙飛行《うちゅうひこう》を、ラジオではじめて知《し》ったのでした。

ソビエト連邦《れんぽう》とアメリカのぎじゅつの競争《きょうそう》

1945年《ねん》に、第二次世界大戦《だいにじせかいたいせん》という大《おお》きな戦争《せんそう》が終《お》わりました。しかしソビエト連邦《れんぽう》とアメリカは、静《しず》かに軍事力《ぐんじりょく》を競《きそ》い続《つづ》けていました。その中《なか》でロケットやレーダーのぎじゅつが生《う》まれました。やがてふたつの国《くに》は、宇宙開発《うちゅうかいはつ》でもはり合《あ》うようになっていったのです。

ソビエト連邦《れんぽう》

ミサイルと核兵器《かくへいき》の開発《かいはつ》

遠《とお》くはなれたアメリカまで飛《と》ばせるミサイルを開発《かいはつ》。このぎじゅつを使《つか》って、世界《せかい》ではじめて人工衛星《じんこうえいせい》の打《う》ち上《あ》げに成功《せいこう》しました。

人類《じんるい》、宇宙《うちゅう》へ

1961年《ねん》、ガガーリンが、人類《じんるい》ではじめて宇宙《うちゅう》へ行《い》き、地球《ちきゅう》のまわりを2時間近《じかんちか》くかけて1周《しゅう》しました。その年《とし》の8月《がつ》には人間《にんげん》を1日中宇宙《にちじゅううちゅう》にとどまらせることにも成功《せいこう》しました。

アメリカ

核兵器《かくへいき》の開発《かいはつ》に成功《せいこう》し、多《おお》くの国《くに》におそれられました。ミサイルの開発《かいはつ》はソビエト連邦《れんぽう》におくれをとっていましたが、1958年《ねん》にはなんとか人工衛星《じんこうえいせい》の打《う》ち上《あ》げに成功《せいこう》しました。

人類《じんるい》ではじめて宇宙《うちゅう》へ行《い》く計画《けいかく》を進《すす》めていましたが、間《ま》に合《あ》いませんでした。宇宙《うちゅう》に行《い》ったのは、ガガーリンの宇宙飛行《うちゅうひこう》からわずか23日後《にちご》。しかしたった15分《ふん》しか宇宙《うちゅう》にいられませんでした。

宇宙船《うちゅうせん》の外《そと》へ

アレクセイ・レオーノフが、はじめて宇宙船《うちゅうせん》の外《そと》に出《で》て、約《やく》10分《ぷん》間《かん》の宇宙遊泳《うちゅうゆうえい》に成功《せいこう》しました。

またこのころには、宇宙《うちゅう》に行《い》くだけでなく、月《つき》や金星《きんせい》の調査《ちょうさ》もおこなっていました。

宇宙遊泳《うちゅうゆうえい》をしましたが、ソビエト連邦《れんぽう》の宇宙遊泳《うちゅうゆうえい》から約《やく》2か月半後《げつはんご》のことでした。また、月《つき》へ無人《むじん》の宇《う》宙船《ちゅうせん》を着陸《ちゃくりく》させることにも成功《せいこう》しましたが、これもソビエト連邦《れんぽう》に4か月先《げつさき》をこされていました。

人類《じんるい》、月《つき》へ

ひそかに月《つき》に人《ひと》を送《おく》る計画《けいかく》を進《すす》めていましたが、アメリカが月《つき》へおり立《た》つと「人《ひと》が月《つき》に行《い》く意味《いみ》はない」と、計画《けいかく》をなかったことにしました。アメリカに負《ま》けたのではないとアピールしたかったからだといわれています。

ソビエト連邦《れんぽう》の開発《かいはつ》スピードにおくれをとっていましたが、人類《じんるい》を月《つき》に送《おく》りこむ「アポロ計画《けいかく》」を発《はっ》表《ぴょう》。そしてたった8年後《ねんご》、月《つき》におり立《た》ったのです。ようやくソビエト連邦《れんぽう》に勝《か》てたしゅんかんでした。

ふたつの宇宙船《うちゅうせん》がひとつに

宇宙開発《うちゅうかいはつ》はとてもお金《かね》がかかるため、しだいに国《くに》のお金《かね》は底《そこ》をつき、競争《きょうそう》もゆるやかになりました。

そこで1975年《ねん》、ソビエト連邦《れんぽう》とアメリカは、おたがいの宇宙船《うちゅうせん》を宇宙《うちゅう》空《くう》間《かん》でつないで、話《はなし》をしたり、いっしょに食事《しょくじ》をとったりしました。

このできごとをきっかけに、ふたつの国《くに》は仲直《なかなお》りができたため、宇宙開発競争《うちゅうかいはつきょうそう》は終《お》わりました。
このあと、ソビエト連邦《れんぽう》とアメリカは、世界中《せかいじゅう》のさまざまな国《くに》と協力《きょうりょく》して宇宙開発《うちゅうかいはつ》を進《すす》めていくことになるのです。

人《ひと》は、どうやって月《つき》に行《い》ったの？

人類《じんるい》がようやく宇宙《うちゅう》に行《い》けたばかりのころ、月《つき》に行《い》くなんてあまりにも無茶《むちゃ》だと思《おも》われていました。でも、月面《げつめん》に人《ひと》がおり立《た》つことは、人類《じんるい》のゆめでもあったのです。ゆめをかなえるため、そしてソビエト連邦《れんぽう》に勝《か》つため、アメリカのちょうせんがはじまりました。

じつはとても遠《とお》い月《つき》!

宇宙飛行士《うちゅうひこうし》たちがくらしている宇宙《うちゅう》ステーションは、地球《ちきゅう》から400キロメートルのところにあります。しかし月《つき》は、地球《ちきゅう》からなんと38万《まん》キロメートルのところ。新幹線《しんかんせん》の速《はや》さで走《はし》っても2か月《げつ》近《ちか》くかかるきょりです。それを考《かんが》えると、月《つき》に行《い》くのがどれほどむずかしいことだったのかがわかります。

月《つき》についても おりるのは こんなにたいへん

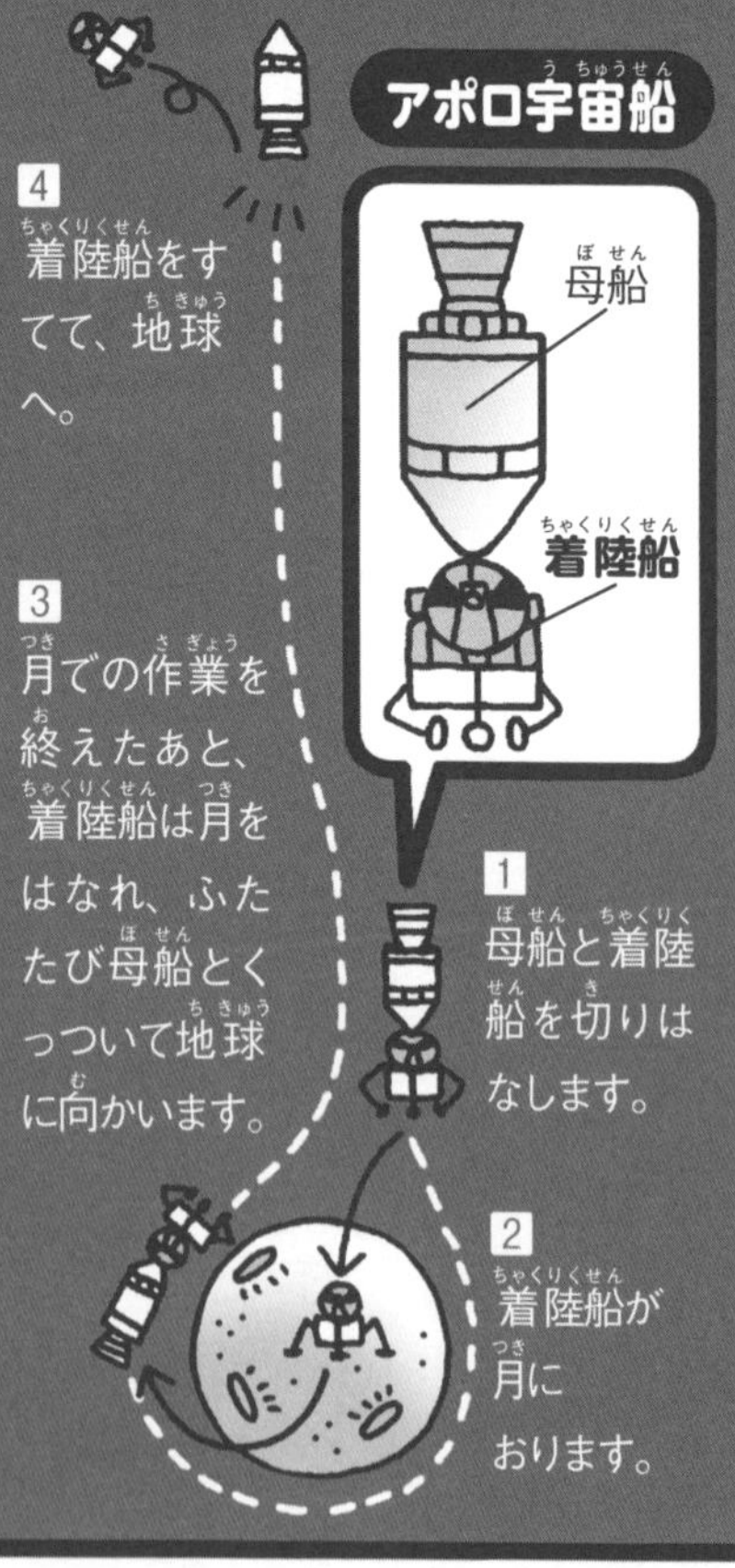
アポロ宇宙船《うちゅうせん》
母船《ぼせん》
着陸船《ちゃくりくせん》
1 母船《ぼせん》と着陸船《ちゃくりく》船《せん》を切《き》りはなします。
2 着陸船《ちゃくりくせん》が月《つき》におります。
3 月《つき》での作業《さぎょう》を終《お》えたあと、着陸船《ちゃくりくせん》は月《つき》をはなれ、ふたたび母船《ぼせん》とくっついて地球《ちきゅう》に向《む》かいます。
4 着陸船《ちゃくりくせん》をすてて、地球《ちきゅう》へ。

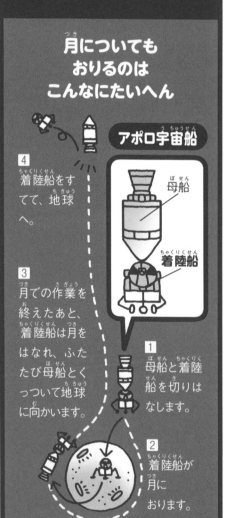

1960年代《ねんだい》に、われわれは月《つき》に行《い》く！

アメリカ第《だい》35代《だい》大統領《だいとうりょう》
ジョン・F《エフ》・ケネディ

1961年《ねん》5月《がつ》25日《にち》、アメリカは人類《じんるい》が月《つき》に行《い》くという、「アポロ計画《けいかく》」を発《はっ》表《ぴょう》しました。何人《なんにん》もの研究者《けんきゅうしゃ》たちが協《きょう》力《りょく》し、アポロと名《な》づけたロケットをつぎつぎと打《う》ち上《あ》げたのです。しかし、月《つき》にたどりつくまでの道《みち》のりは、とてもきびしいものでした。

アポロ1号《ごう》
発射《はっしゃ》の訓練中《くんれんちゅう》に火事《かじ》が発生《はっせい》。エドワード・ホワイト、ガス・グリソム、ロジャー・チャフィーという3名《めい》の宇宙飛行士《うちゅうひこうし》が命《いのち》を落《お》としてしまいました。

アポロ4号《ごう》
地球《ちきゅう》のまわりを回《まわ》りながらロケットの切《き》りはなしや宇宙船《うちゅうせん》の強《つよ》さなどがためされました。

アポロ8号《ごう》
はじめて人《ひと》を乗《の》せた宇宙船《うちゅうせん》が、月《つき》のまわりを飛《と》びました。

アポロ10号《ごう》
月《つき》に近《ちか》づいて、着陸《ちゃくりく》までの飛《ひ》行《こう》テストをしました。

そしていよいよアポロ11号《ごう》は、月《つき》へと飛《と》び立《た》ちました！

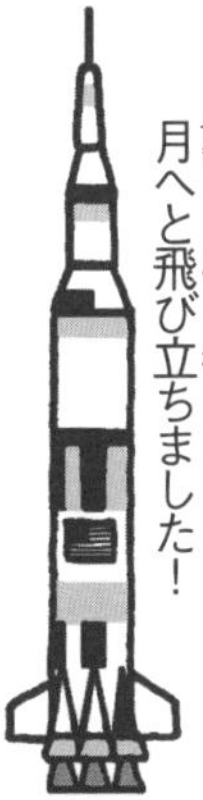

異変《いへん》が起《お》こったのは、着陸直前《ちゃくりくちょくぜん》のこと。

ビービービー
なんだ!? このアラームは！

着陸《ちゃくりく》を予定《よてい》していた場所《ばしょ》とはちがうところに来《き》てしまいました！　しかも燃料《ねんりょう》もぎりぎりです。しかし船長《せんちょう》のアームストロングは落《お》ち着《つ》いて着陸《ちゃくりく》できる場所《ばしょ》をさがし出《だ》しました。

そして、乗組員《のりくみいん》のアームストロングとオルドリンが、人類《じんるい》ではじめて月《つき》におり立《た》ったのです。

アポロ11号《ごう》の様子《ようす》は、全世界《ぜんせかい》に放送《ほうそう》され、みんながテレビをくいいるように見《み》ていました。アポロ計画《けいかく》はこうして大成功《だいせいこう》をおさめたのです。

宇宙《うちゅう》に行《い》ったら体《からだ》はどう変《か》わるの？

わたしたちはふだん、「重力《じゅうりょく》」という地球《ちきゅう》の中心《ちゅうしん》に向《む》かって引《ひ》っぱる力《ちから》を受《う》けて、地球《ちきゅう》に立《た》っています。そしてこの力《ちから》にたえられるように、体《からだ》はじょうぶな骨《ほね》や筋肉《きんにく》によってささえられています。

ところが宇宙《うちゅう》に行《い》くと、地球《ちきゅう》の引《ひ》っぱる力《ちから》はあまりとどかなくなり、体《からだ》をささえる必要《ひつよう》がなくなります。このた

出発前《しゅっぱつまえ》

地上《ちじょう》では重力《じゅうりょく》があるため、血《ち》が下半身《かはんしん》に集《あつ》まりやすく、体《からだ》を動《うご》かすにも力《ちから》がいります。

宇宙《うちゅう》にとうちゃく

頭《あたま》のほうに血《ち》が集《あつ》まって、顔《かお》がはれてしまいます。反対《はんたい》に足《あし》は細《ほそ》くなります。

め、骨《ほね》や筋肉《きんにく》は弱《よわ》っていきます。

ただ、宇宙《うちゅう》でしばらくすごしていれば、重《おも》さを感《かん》じないじょうたいに体《からだ》がなれていくので、問題《もんだい》なく生活《せいかつ》できます。でも、この弱《よわ》った体《からだ》で地球《ちきゅう》に帰《かえ》ると、自分《じぶん》の体《からだ》を骨《ほね》や筋肉《きんにく》がささえられず、思《おも》うように動《うご》けなくなってしまいます。

少《すこ》しでもこうした体《からだ》の変化《へんか》をおさえるため、宇宙《うちゅう》でも毎日《まいにち》、筋肉《きんにく》をつけるトレーニングをしています。

地球《ちきゅう》に帰《かえ》ってきたら

体《からだ》に力《ちから》が入《はい》らずうまく立《た》てなかったり、頭《あたま》がくらくらしたりします。宇宙《うちゅう》でくらすときは、地球《ちきゅう》に帰《かえ》ることを考《かんが》えて毎日《まいにち》の筋力《きんりょく》トレーニングが欠《か》かせないのです。

数日後《すうじつご》

体《からだ》がなれてきて、顔《かお》のはれもおさまります。でも、筋肉《きんにく》や骨《ほね》の量《りょう》は落《お》ちていきます。

宇宙服《うちゅうふく》ってこんなにすごい！

宇宙《うちゅう》は、生身《なまみ》の人間《にんげん》にはとても生《い》きられないきびしい場所《ばしょ》です。そのため、宇宙船《うちゅうせん》から外《そと》に出《で》るときは、げんじゅうなけんさにごうかくした宇宙服《うちゅうふく》を必《かなら》ず着《き》ます。いったいどんな服《ふく》なのでしょう？

さあ、やってきました！テレフォンショッピングのお時間《じかん》です
パチパチ
宇宙《うちゅう》はあこがれるけどキケンよね
そんななやみをかいけつするのがこちら！

宇宙ショップ おすすめ 安心・安全 最新型宇宙服

どんなてきにも負《ま》けないぜ！

生地《きじ》

暑《あつ》さや寒《さむ》さ、生《い》き物《もの》にとってきけんな「放射線《ほうしゃせん》」などから体《からだ》を守《まも》るため、14層《そう》もの生《き》地《じ》からなります。

真夏《まなつ》の日差《ひざ》しもどんとこい！

冷《れい》きゃく下着《したぎ》

宇宙服《うちゅうふく》はすきまがないため、体《からだ》の熱《ねつ》がこもってしまいます。そこで、チューブを通《とお》して水《みず》を流《なが》し、全身《ぜんしん》を冷《ひ》やす下着《したぎ》をつけています。ちなみに、宇宙服《うちゅうふく》は一度《いちど》着《き》るとなかなかぬげないので、おむつもつけています。

迷子《まいご》にならない

命《いのち》づな

宇宙船《うちゅうせん》の外《そと》に出《で》るときには、宇宙服《うちゅうふく》を着《き》て、命《いのち》づなをつけ、宇宙船《うちゅうせん》と宇宙飛行士《うちゅうひこうし》をつなぎとめます。

宇宙服《うちゅうふく》でも大《たい》かつやく!

ストロー

宇宙服《うちゅうふく》を着《き》たまま水《みず》を飲《の》むためのものです。

宇宙《うちゅう》を飛《と》ぶぜ!

セイファー

宇宙船《うちゅうせん》と宇宙飛行士《うちゅうひこうし》をつないでいる命《いのち》づながはずれてしまったとき、船《ふね》にもどるためのそうち。ガスを後《うし》ろにふき出《だ》して、前《まえ》に進《すす》みます。

おしゃれじゃないよ!

鏡《かがみ》

ヘルメットをかぶると首《くび》が固定《こてい》されて下《した》を向《む》けず、宇宙服《うちゅうふく》のボタンや数字《すうじ》を見《み》られないため、鏡《かかみ》にうつして見《み》ます。

雪山《ゆきやま》でも使《つか》いたい

グローブ

宇宙《うちゅう》の日《ひ》かげはマイナス100度《ど》にもなるため、手《て》がこおらないように、中《なか》にあるヒーターであたためます。

人《ひと》として生《い》きるために…

生命《せいめい》いじそうち

温度《おんど》を調節《ちょうせつ》したり、宇宙船《うちゅうせん》や地上《ちじょう》にいる人《ひと》たちと話《はな》せる通信機器《つうしんきき》、息《いき》をするために必要《ひつよう》な酸素《さんそ》もここにあります。

こんなところにたくみのわざ!

表示《ひょうじ》せいぎょモジュール

酸素《さんそ》の量《りょう》や温度《おんど》を調節《ちょうせつ》します。鏡《かがみ》にうつして調節《ちょうせつ》するため、左右《さゆう》が反対《はんたい》になる鏡文字《かがみもじ》で書《か》かれています。

宇宙飛行士《うちゅうひこうし》になったらすぐに宇宙《うちゅう》へ行《い》けるの？

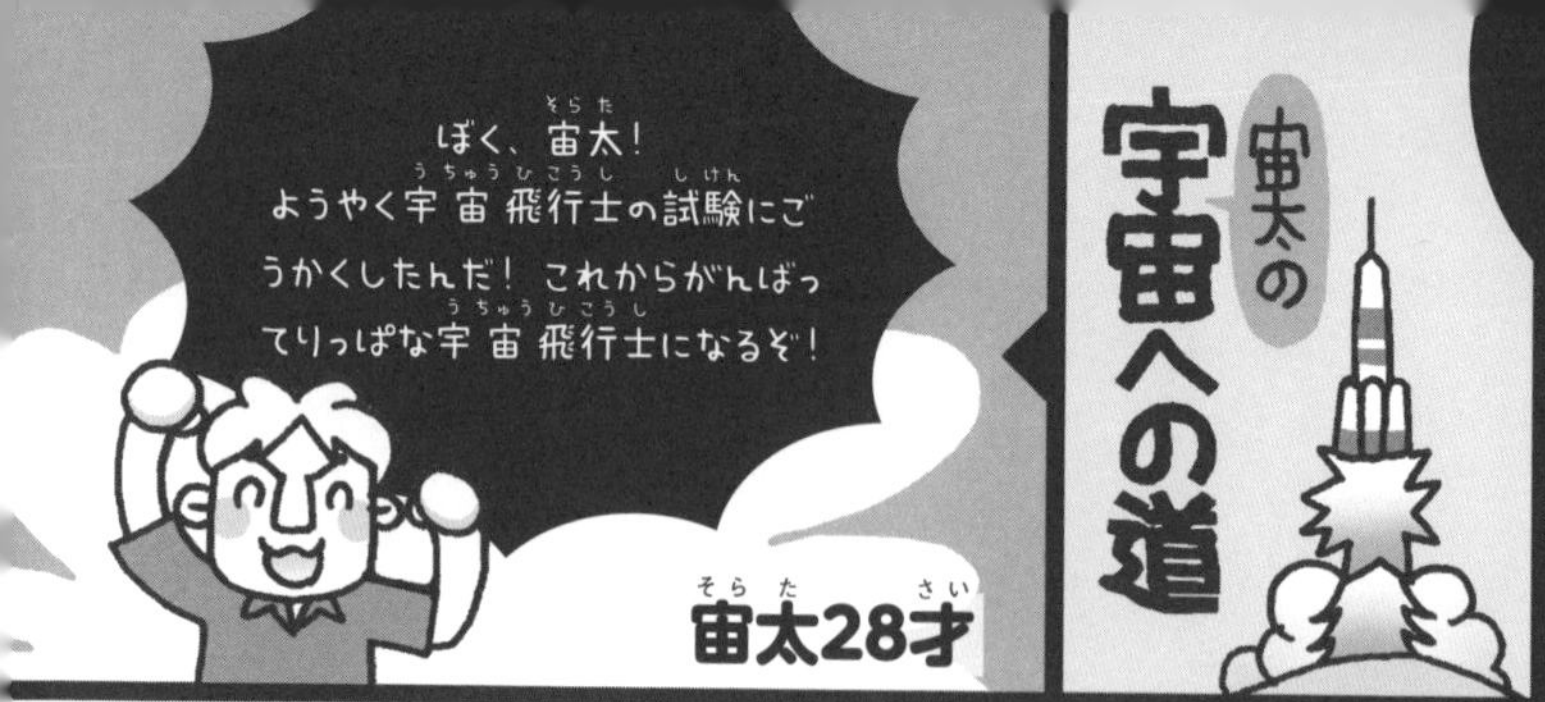
宙太の宇宙への道
ぼく、宙太《そらた》！ようやく宇宙飛行士《うちゅうひこうし》の試験《しけん》にごうかくしたんだ！これからがんばってりっぱな宇宙飛行士《うちゅうひこうし》になるぞ！
宙太《そらた》28才《さい》

宇宙飛行士《うちゅうひこうし》になるためには、むずかしい試験《しけん》にごうかくしなければなりません。約《やく》1000人《にん》の中《なか》から選《えら》ばれるのはたった数人《すうにん》。ちしきや精神力《せいしんりょく》、みんなをまとめる力《ちから》などが試《ため》されます。

しかし、試験《しけん》に受《う》かっても、すぐに宇宙《うちゅう》に行《い》けるわけではありません。きびしい訓練《くんれん》が待《ま》ち受《う》けています。

そして試験《しけん》から10年《ねん》…
宇宙《うちゅう》に行《い》く日《ひ》が決《き》まってもトラブルにより、先《さき》のばしになることもしばしば…。

やったー!!
宙太《そらた》38才《さい》
ようやく宇宙《うちゅう》へ!!

宇宙《うちゅう》飛行士《ひこうし》の試験《しけん》にごうかくしてから5年《ねん》以上《いじょう》は、じっさいに宇宙《うちゅう》へ行《い》くためにさまざまな訓《くん》練《れん》をします。

訓練《くんれん》その❶ 授業《じゅぎょう》は外国語《がいこくご》!

授業《じゅぎょう》はすべて英語《えいご》、もしくはロシア語《ご》です。

SPACE SCIENCE
CE

訓練《くんれん》その❷ 無重力訓練《むじゅうりょくくんれん》!

飛行機《ひこうき》をものすごいスピードでのぼりおりをさせて無重力《むじゅうりょく》じょうたいをつくり、体《からだ》をならします。気分《きぶん》が悪《わる》くなってしまうことも。

訓練《くんれん》その❸ 水中訓練《すいちゅうくんれん》!

自由《じゆう》に体《からだ》を動《うご》かせない宇宙《うちゅう》は、水《みず》の中《なか》とにています。そこで、水中《すいちゅう》で宇宙船《うちゅうせん》を直《なお》したり、機械《きかい》を動《うご》かしたりする訓練《くんれん》をします。

6時間以上《じかんいじょう》も
水《みず》の中《なか》にいるんだ

訓練《くんれん》その❹ サバイバル訓練《くんれん》

宇宙《うちゅう》から地球《ちきゅう》に帰《かえ》ってくるとき、雪山《ゆきやま》やさばくなどに着陸《ちゃくりく》してしまっても生《い》きのびられるように、きびしいかんきょうで生活《せいかつ》するサバイバル訓練《くんれん》をします。

マイナス20度《ど》
以下《いか》の雪山《ゆきやま》で
数日《すうじつ》すごすよ!

訓練《くんれん》その❺ ロボットアーム訓練《くんれん》

宇宙空間《うちゅうくうかん》で作業《さぎょう》するロボットアームのそうさをおこないます。

また、ようやく宇宙《うちゅう》へ行《い》けることになっても、ロケットのじこなどで計画《けいかく》がくるい、何年《なんねん》ものびることもあります。宇宙飛行士《うちゅうひこうし》は、宇宙《うちゅう》に行《い》ける日《ひ》を信《しん》じて、きびしく長《なが》い訓練《くんれん》を続《つづ》けているのです。

宇宙《うちゅう》ステーションって、何《なに》？

みんなは、宇宙《うちゅう》ステーションという名前《なまえ》を聞《き》いたことがありますか？

宇宙《うちゅう》ステーションとは、世界《せかい》の15の国《くに》が協力《きょうりょく》して宇宙空間《うちゅうくうかん》にはじめてつくった「宇宙《うちゅう》の研究室《けんきゅうしつ》」のことで、正式《せいしき》には「国際宇宙《こくさいうちゅう》ステーション」といいます。この研究室《けんきゅうしつ》では、地球《ちきゅう》や星《ほし》について調《しら》べたり、無重力《むじゅうりょく》の中《なか》でさまざまな実験《じっけん》をおこなったりしています。

国際宇宙《こくさいうちゅう》ステーション

各国《かっこく》がロケットで宇宙《うちゅう》に送《おく》った部屋《へや》がいくつも合《あ》わさってできています。必要《ひつよう》な電気《でんき》は、太陽《たいよう》の光《ひかり》を特別《とくべつ》なパネルがうけてつくります。また、たった90分《ぶん》で地球《ちきゅう》を1周《しゅう》しています。

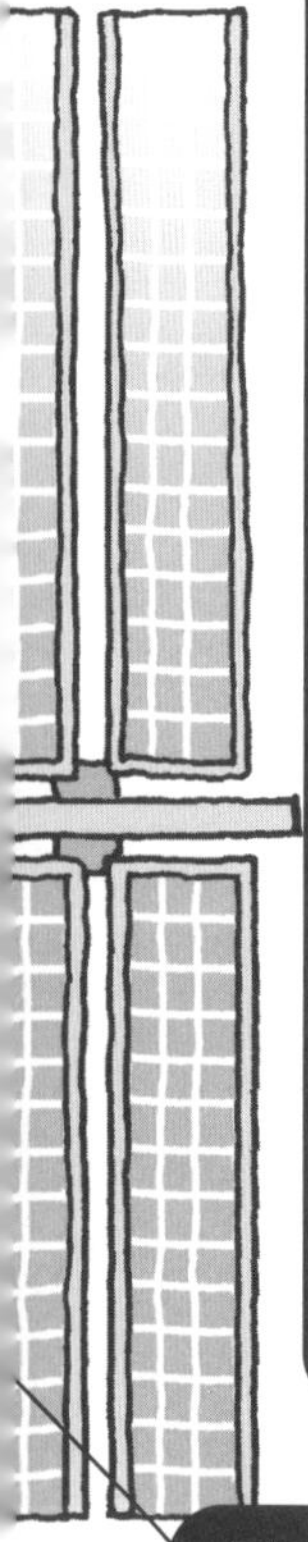

ロボットアーム

人間《にんげん》のうでや指《ゆび》と同《おな》じような動《うご》きができる機械《きかい》で、宇宙《うちゅう》船《せん》を受《う》けとったり、しゅうりをしたりします。

体《からだ》をきたえるための
トレーニングマシン
もあるよ！

トイレ

体《からだ》がうかないように、足《あし》をベルトでとめて用《よう》をたします。おしっこはきれいにしょりして、飲《の》み水《みず》として生《う》まれかわります。

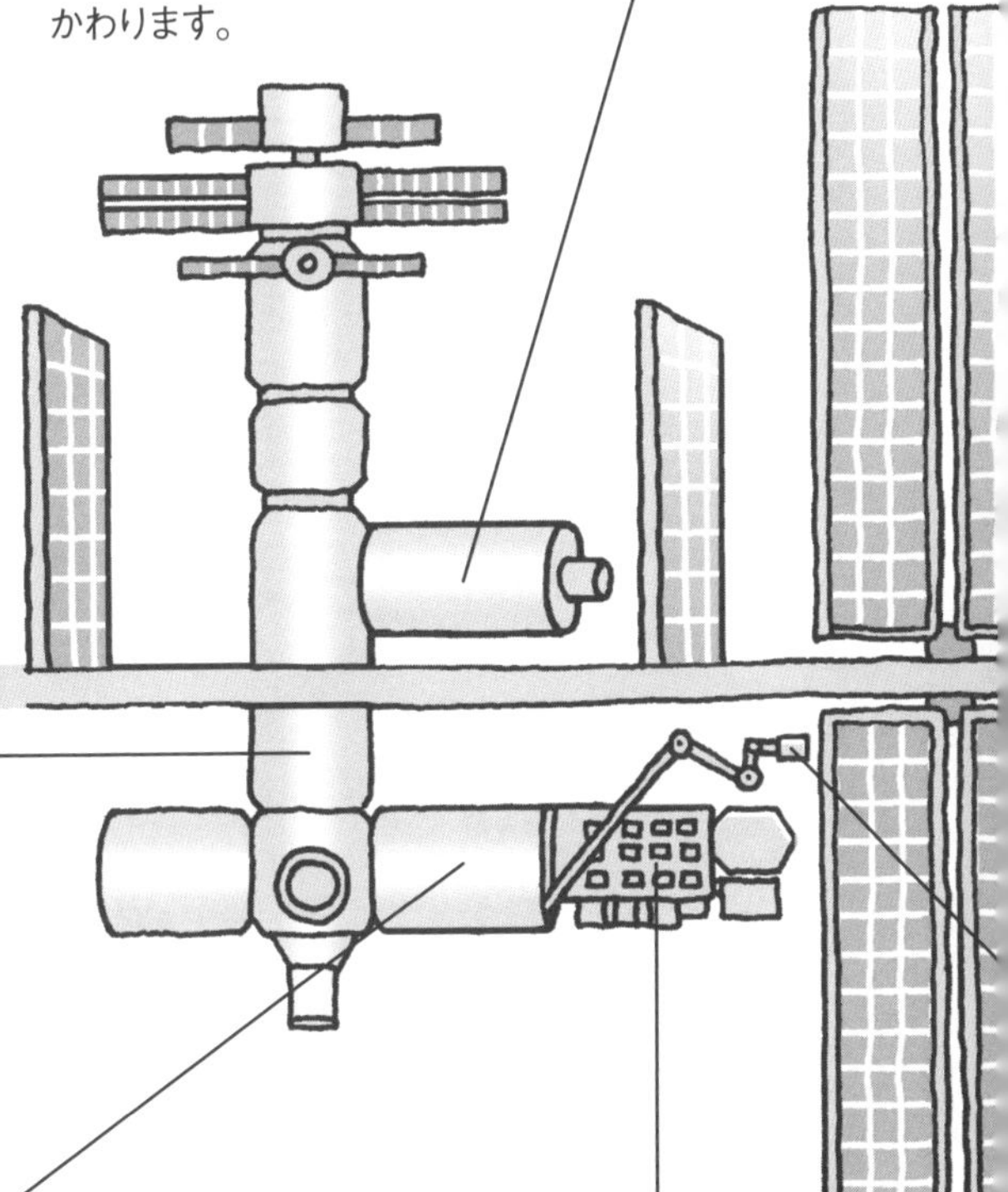

小《ちい》さなまどとパソコンがあります。ねるときは体《からだ》がうかないように、ねぶくろなどに入《はい》ります。

個《こ》　室《しつ》

実験《じっけん》モジュール

各国《かっこく》がつくった実験室《じっけんしつ》があります。日本《にほん》の実験室《じっけんしつ》は、「きぼう」。かべには、実験《じっけん》用《よう》の生《い》き物《もの》のための小《ちい》さな部屋《へや》やパソコンなどがおさめられています。

船外実験《せんがいじっけん》プラットホーム

宇宙空間《うちゅうくうかん》にある実験《じっけん》そうち。宇宙空間《うちゅうくうかん》のかんきょうや、星《ほし》を調《しら》べたりします。

とあるクルーの一日《いちにち》

宇宙《うちゅう》ステーションの乗組員《のりくみいん》のことをクルーとよびます。クルーたちは宇宙《うちゅう》でいったいどんな生活《せいかつ》を送《おく》っているのでしょうか。一日《いちにち》のくらしや仕事《しごと》のスケジュールをのぞいてみましょう。

宇宙飛行士《うちゅうひこうし》宙太《そらた》の
ある日《ひ》のスケジュール
06:00
6時《じ》に起《お》きて、ぼくの1日《にち》ははじまります。
06:10
洋服《ようふく》は地球《ちきゅう》で着《き》ているのと同《おな》じ!
気温《きおん》はいつも21〜25度《ど》くらいでかいてき! せんたくはできないから、下着《したぎ》は使《つか》いすてさ!
06:30
各国《かっこく》300種類《しゅるい》くらいのメニューの宇宙食《うちゅうしょく》を地球《ちきゅう》からもっていくんだ!
朝食《ちょうしょく》メニュー
ワッフル、
フルーツグラノーラ、
オレンジジュースなど
食《た》べたら歯《は》みがき! 水《みず》が飛《と》ぶと機械《きかい》がこわれるから、うがいはしないよ。みがき終《お》わったつばはのみこむよ!
08:00
仕事《しごと》のじゅんび
仕事《しごと》のスケジュールを地球《ちきゅう》のスタッフにかくにんするよ。

08:30 〜 17:00
宇宙《うちゅう》での仕事《しごと》
宇宙《うちゅう》の外《そと》に出《で》て宇宙《うちゅう》ステーションを直《なお》したり、宇宙《うちゅう》空間《くうかん》や星《ほし》を観測《かんそく》したりするよ。また無重力《むじゅうりょく》で人間《にんげん》や植物《しょくぶつ》などにどんな変化《へんか》が起《お》きるかを調《しら》べ、地球《ちきゅう》での生活《せいかつ》をゆたかにしてくれるものを開発《かいはつ》するためにさまざまな実験《じっけん》もおこなうんだ。
そうじ
地球《ちきゅう》にいるときと同《おな》じで、こまめにするんだ。とくしゅなそうじきを使《つか》ってかみの毛《け》やごみをとったり、タオルでふいたりするよ。
仕事《しごと》のあいまに、昼食《ちゅうしょく》やおやつの時間《じかん》もあるよ！
おやつメニュー
クラッカー、ピーナッツバター、パイナップルジュースなど
おふろ
おふろはないから、水《みず》を使《つか》わないシャンプーであらったら、タオルでふいて終《お》わり。
17:00 〜 19:30
さあ、トレーニングだ！
筋肉《きんにく》トレーニングやランニングマシーンをやるよ！
19:30 〜 21:30
自由時間《じゆうじかん》
夕食《ゆうしょく》を食《た》べたら自由時間《じゆうじかん》。ＤＶＤ《ディーブイディー》を見《み》たり、本《ほん》を読《よ》んだり、週《しゅう》に1回《かい》は家族《かぞく》と電話《でんわ》をしたりするよ。
21:30 〜 22:00
次《つぎ》の日《ひ》のじゅんびをしてからねるよ！
おやすみ！

宇宙開発《うちゅうかいはつ》をして、何《なに》かいいことがあるの？

宇宙開発《うちゅうかいはつ》とは、人類《じんるい》や地球《ちきゅう》の未来《みらい》のため、またわたしたち自身《じしん》を知《し》るために、さまざまな機械《きかい》や方法《ほうほう》を使《つか》って宇宙《うちゅう》を調《しら》べることです。

でも、それだけではありません。宇宙開発《うちゅうかいはつ》から生《う》まれたいろいろな道具《どうぐ》が、今《いま》のわたしたちの生活《せいかつ》で、ものすごく役立《やくだ》っているのです。

断熱《だんねつ》とりょう

熱《ねつ》に強《つよ》いロケットのかべのとりょうが、家《いえ》のかべの材《ざい》料《りょう》に使《つか》われています。

たい火《か》スクリーン（カーテン）

高温《こうおん》のガスがふきだすロケットのつつの部分《ぶぶん》と同《おな》じ材料《ざいりょう》でできているので、火事《かじ》にも強《つよ》いしくみです。

かいみんまくら

温度《おんど》を一定《いってい》にたもてる、宇宙服《うちゅうふく》のそざいを使《つか》っています。

テレビのリモコン

宇宙飛行士《うちゅうひこうし》が宇宙《ちゅう》でれんらくをとり合《あ》う、無線《むせん》システムがもとになっています。

エアバッグ

ふくらませるガスは、ロケットが発射《はっしゃ》するときのガスと同《おな》じです。

めんしんゴム

ロケットのつなぎめをおおっているゴムで、大《おお》きなゆれにもたえられるため、地《じ》しんのゆれをおさえます。

ミウラ折《お》り

人工衛星《じんこうえいせい》の太陽光《たいようこう》パネルをいっしゅんで広《ひろ》げるために考《かんが》えられた折《お》り方《かた》です。小《ちい》さくたためるため、地図《ちず》をたたむのに大《だい》かつやく。

①対角《たいかく》にある角《かど》と角《かど》をもちます。

②そのまま横《よこ》に引《ひ》っぱると、いっきに広《ひろ》げられます。

ランドセル

宇宙船《うちゅうせん》の運転席《うんてんせき》のいすにある、大《おお》きなゆれやしょうげきをやわらげるそざいを使《つか》っています。

バスケットボールシューズ

宇宙服《うちゅうふく》のぎじゅつから、足《あし》へのしょうげきが少《すく》なく、ジャンプ力《りょく》が高《たか》いくつが開発《かいはつ》されました。

宇宙《うちゅう》にかかわる人《ひと》たち――あなたはどのタイプ？

宇宙《うちゅう》にかかわる仕事《しごと》は、いろいろあります。宇宙《うちゅう》で使《つか》えるぎじゅつや物《もの》を開発《かいはつ》する人《ひと》、宇宙飛行士《うちゅうひこうし》、科学館《かがくかん》などで宇宙《うちゅう》について教《おし》える人《ひと》など、さまざまです。みんなはどんな仕事《しごと》にきょうみがありますか？

宇宙《うちゅう》にかかわりたい

宇宙飛行士《うちゅうひこうし》

宇宙《うちゅう》でさまざまな実験《じっけん》や調査《ちょうさ》をします。しょうらいは、火星《かせい》などの惑星《わくせい》へ調査《ちょうさ》に行《い》くことができるかもしれません。

管制官《かんせいかん》

24時間《じかん》、365日《にち》、地上《ちじょう》から宇宙飛行士《うちゅうひこうし》や宇宙《うちゅう》ステーションのじょうたいを見《み》守《まも》って、トラブルの対応《たいおう》や指示《しじ》、サポートをします。

考《かん》えることが大好《だいす》き

観測員《かんそくいん》

新《あたら》しい星《ほし》や銀河《ぎんが》などを発見《はっけん》したり、星《ほし》の生《お》い立《た》ちや、材料《ざいりょう》を調《しら》べたりします。

科学者《かがくしゃ》

宇宙《うちゅう》についてのあらゆるなぞをとき明《あ》かそうと研究《けんきゅう》しています。

政治家《せいじか》

宇宙計画《うちゅうけいかく》を立《た》てるのに参加《さんか》します。

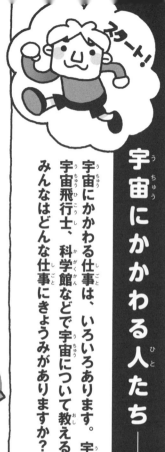

伝《つた》えることが大好《だいす》き

科学館《かがくかん》のスタッフ

宇宙《うちゅう》のさまざまなふしぎやしくみをお客《きゃく》さんにわかりやすく伝《つた》えます。

天文《てんもん》ざっし編集者《へんしゅうしゃ》

宇宙《うちゅう》に関《かん》する新《あたら》しい話題《わだい》をいち早《はや》く取材《しゅざい》し、読者《どくしゃ》にとどけます。

SF小説家《しょうせつか》

宇宙《うちゅう》のちしきとそうぞう力《りょく》で物語《ものがたり》をつくります。

調《しら》べてみよう！
ほかにもいろんな
仕事《しごと》があるよ！

ものづくりが大好《だいす》き

プラネタリウム・クリエイター

どんなプラネタリウムをつくるかを考《かんが》えます。星座《せいざ》にかかわる科学《かがく》のちしきはもちろん、機械《きかい》のちしき、芸術《げいじゅつ》の才能《さいのう》も必要《ひつよう》です。

望遠鏡職人《ぼうえんきょうしょくにん》

天文台《てんもんだい》などで使《つか》う10メートル以上《いじょう》の大《おお》きなレンズもつくります。

食品《しょくひん》メーカー

おいしく、食《た》べやすい宇宙食《うちゅうしょく》づくりをしています。

ロケット開発者《かいはつしゃ》

ロケットを開発《かいはつ》します。エンジンをつくる人《ひと》、コンピューターをつくる人《ひと》など、分野《ぶんや》はさまざまに分《わ》かれます。

町工場《まちこうば》のぎじゅつ者《しゃ》

ロケットの小《ちい》さな部品《ぶひん》をひとつひとつつくっています。

衣料《いりょう》メーカー

宇宙服《うちゅうふく》の新《あたら》しいそざいを開発《かいはつ》します。

ロケットはどうして宇宙《うちゅう》まで飛《と》べるの？

空気《くうき》を入《い》れた風船《ふうせん》の口《くち》をつかみ、その手《て》をはなすと、風船《ふうせん》はいきおいよく飛《と》んでいきます。かんたんにいってしまえば、ロケットが飛《と》ぶしくみも、これによくにています。

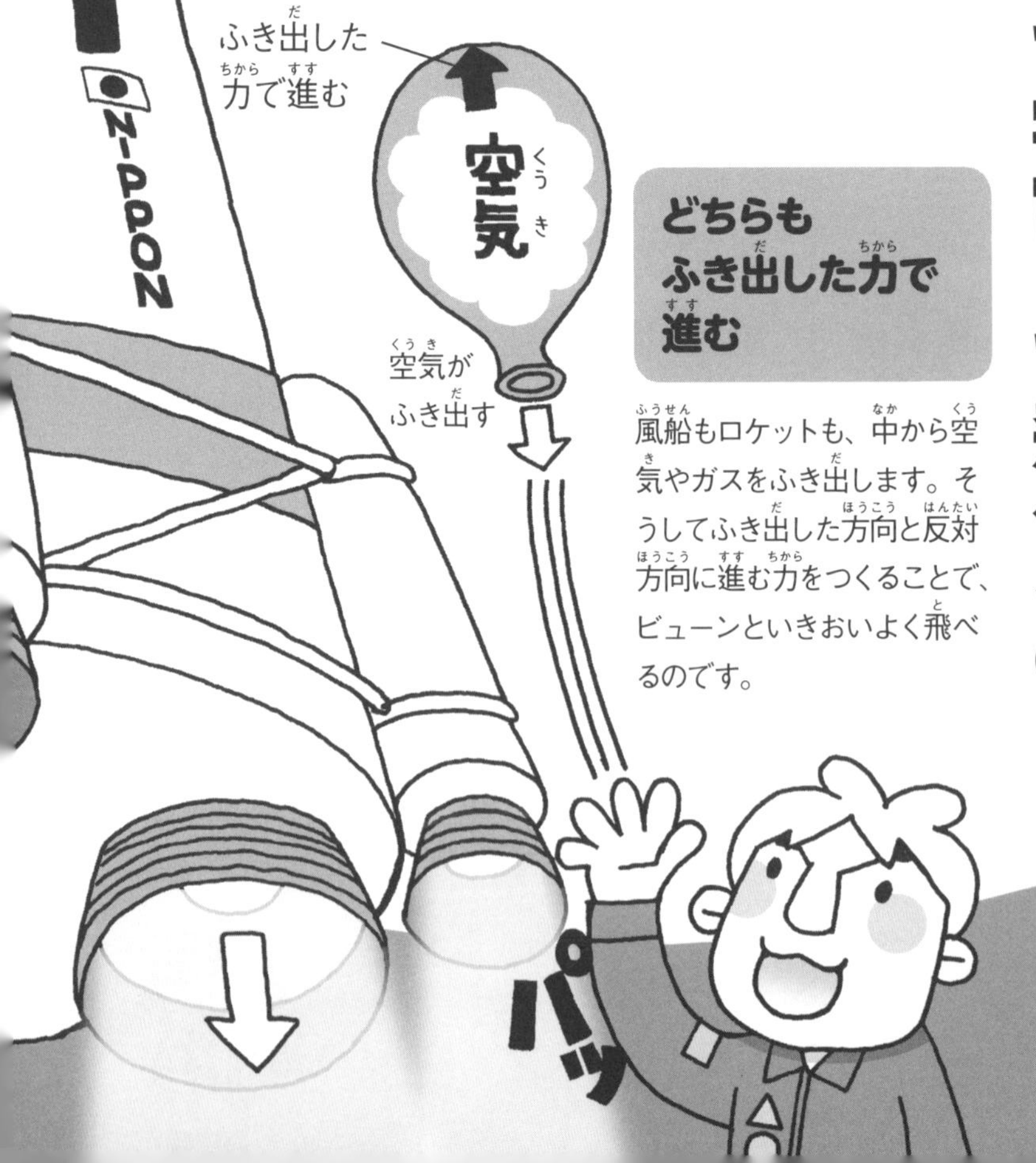

どちらもふき出《だ》した力《ちから》で進《すす》む

風船《ふうせん》もロケットも、中《なか》から空《くう》気《き》やガスをふき出《だ》します。そうしてふき出《だ》した方向《ほうこう》と反対《はんたい》方向《ほうこう》に進《すす》む力《ちから》をつくることで、ビューンといきおいよく飛《と》べるのです。

使《つか》い終《お》えた燃料《ねんりょう》タンクは…

順番《じゅんばん》にすてて、だんだんロケットを軽《かる》くすることでスピードをあげます。15分《ふん》くらいですべてを切《き》りはなします。

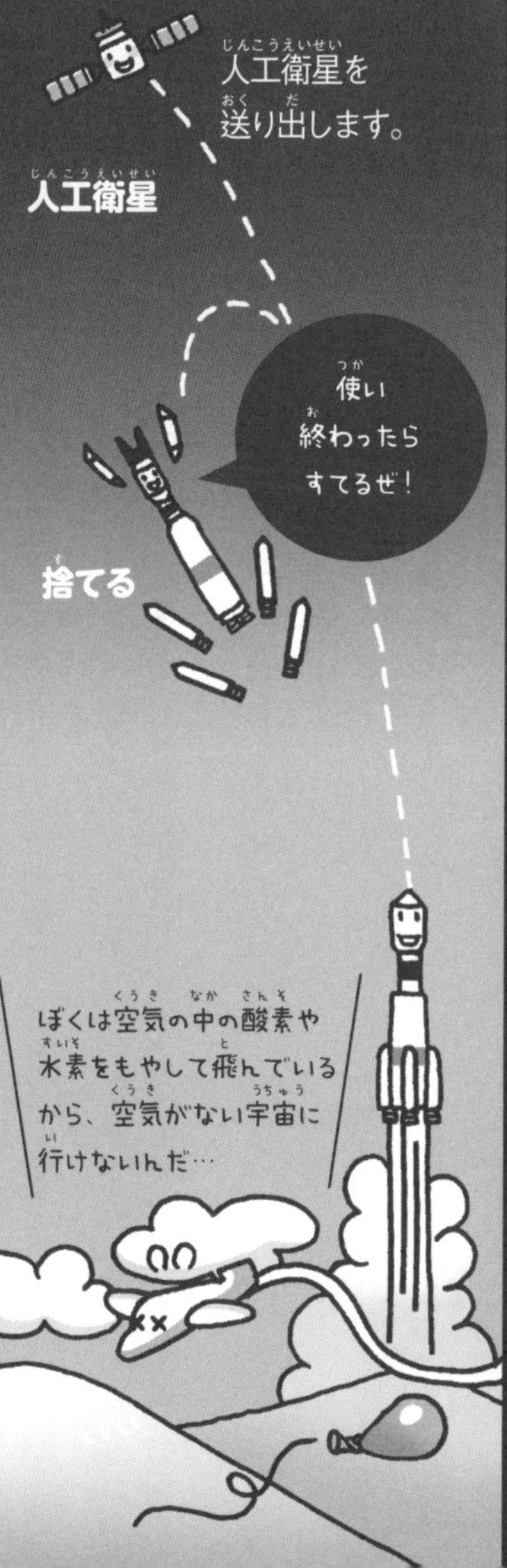
人工衛星《じんこうえいせい》を送《おく》り出《だ》します。
人工衛星《じんこうえいせい》
使《つか》い終《お》わったらすてるぜ！
捨《す》てる
ぼくは空気《くうき》の中《なか》の酸素《さんそ》や水素《すいそ》をもやして飛《と》んでいるから、空気《くうき》がない宇宙《うちゅう》に行《い》けないんだ…

フェアリング

中《なか》には、宇宙《うちゅう》に飛《と》ばす人工衛星《じんこうえいせい》や宇宙《うちゅう》ステーションへ運《はこ》ぶ荷物《にもつ》がぎゅうぎゅうにつめられて入《はい》っています。

ロケットは燃料《ねんりょう》タンクだらけ

宇宙《うちゅう》には飛《と》ぶための燃料《ねんりょう》となる空気《くうき》がありません。だからロケットはたくさんの燃料《ねんりょう》をかかえて飛《と》ばなければならないため、ロケットのほとんどの部《ぶ》分《ぶん》は燃料《ねんりょう》タンクになっています。

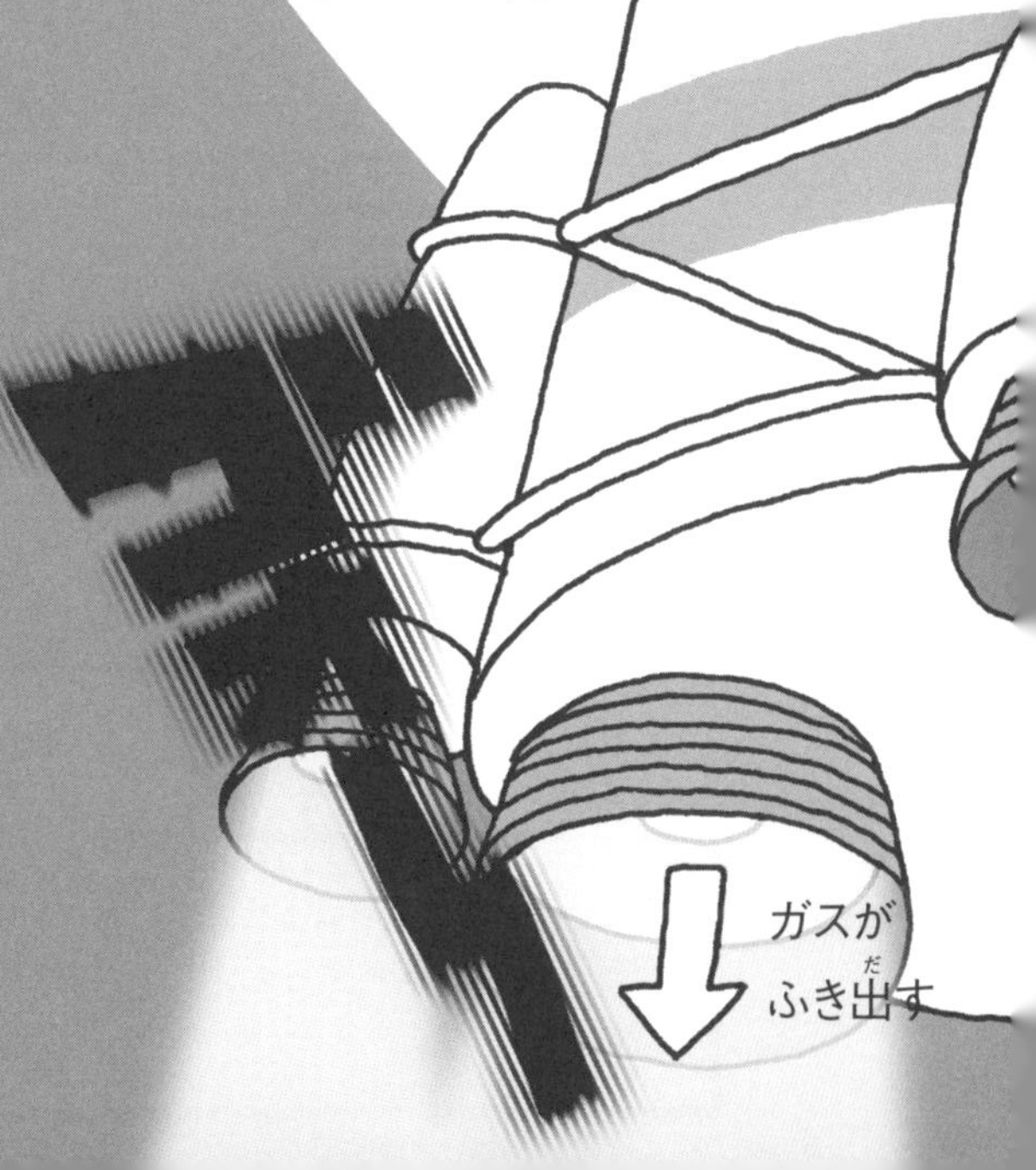
ふき出《だ》した力《ちから》で進《すす》む
ガスがふき出《だ》す

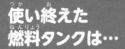

ロケット発射《はっしゃ》までの道《みち》のり

ロケットは、打《う》ち上《あ》げのときはニュースになりますが、じつはそれまでは地道《じみち》な作業《さぎょう》の連続《れんぞく》です。たくさんの人《ひと》が時間《じかん》をかけてつくったいくつもの小《ちい》さな部品《ぶひん》で、ロケットはつくりあげられているのです。

ロケット せいぞう スタート!
2年前《ねんまえ》
ふりだし
がんばるぞー!
ロケットの材料《ざいりょう》や部《ぶ》品《ひん》を注文《ちゅうもん》します。その数《かず》なんと300万点《まんてん》!
ロケットはほとんどの部分《ぶぶん》が燃料《ねんりょう》なのよ
ロケットのだいじな燃《ねん》料《りょう》部分《ぶぶん》は、第《だい》1段《だん》、第《だい》2段《だん》と2種類《しゅるい》にわけてつくります。
宙井製作所
ロケットを動《うご》かすエンジンをつくります。
高橋重工
ロケット組《く》み立《た》てに必要《ひつよう》なネジをつくります。
宙野町工場
宇宙《うちゅう》にもっていく人工衛星《じんこうえいせい》をつくります。
TKHS社
直径《ちょっけい》3ミリメートルほどの小《ちい》さなバネをつくります。
ひびはないか、コンピューターがはたらくかなど、てってい的《てき》にけんさをします。
部品《ぶひん》にひび発見《はっけん》!
1回休《かいやす》み!

ストップ！
ロケットに必要《ひつよう》なさまざまなパーツが完成《かんせい》！　それぞれ種子島《たねがしま》へ船《ふね》で出《しゅっ》発《ぱつ》します。
種子島《たねがしま》にとうちゃく！
人《ひと》が歩《ある》く速《はや》さでしんちょうに運《はこ》ぶよ
とうちゃくしたパーツを順番《じゅんばん》に組《く》み立《た》てます。
第《だい》1段《だん》
第《だい》2段《だん》
かんせい♥
点検《てんけん》
組《く》み立《た》てたロケットがじっさいにきちんと動《うご》くかをたしかめます。
3日《か》前《まえ》
ロケット発射《はっしゃ》までのカウントダウン開始《かいし》。
発射《はっしゃ》の12時間前《じかんまえ》から500メートルはなれた発射台《はっしゃだい》へと向《む》かいます。
56このタイヤでこわれないようにゆっくり運《はこ》ぶよ
いよいよ打《う》ち上《あ》げ。見物人《けんぶつにん》も、全国《ぜんこく》からたくさん集《あつ》まってきます。
はれコース
雨コース
かみなりが発生《はっせい》！
ロケットを動《うご》かす機械《きかい》がこわれるかもしれないので、発射《はっしゃ》をえんき。
1回休《かいやす》み
強風《きょうふう》が発生《はっせい》！
風《かぜ》で飛《と》ぶ向《む》きが変《か》わるかもしれないので、発《はっ》射《しゃ》をえんき。
1回休《かいやす》み
あがり
打《う》ち上《あ》げ成功《せいこう》！
ばんざーい

人工衛星《じんこうえいせい》は何《なに》をしているの？

人工衛星《じんこうえいせい》は、地球《ちきゅう》のまわりをぐるぐる回《まわ》りながら、わたしたちの生《せい》活《かつ》を助《たす》けてくれています。人工衛星《じんこうえいせい》たちのそれぞれのかつやくを見《み》てみましょう。

水《みず》の動《うご》きを見《み》のがさない！

水《みず》じゅんかん観測衛星《かんそくえいせい》しずく

日本上空《にほんじょうくう》の水《みず》の動《うご》きを観測《かんそく》します。雨《あめ》が日本《にほん》のどこでたくさんふっているのかくわしく調《しら》べることができます。

もうすぐ雨《あめ》かな？
大漁
水温《すいおん》や降水量《こうすいりょう》を漁船《ぎょせん》に送《おく》るわ！

大《おお》きなアンテナで日本《にほん》をカバー！

ぎじゅつ試験衛星《しけんえいせい》きく8号《ごう》

けいたい電話《でんわ》が使《つか》えない海《うみ》の上《うえ》や山《やま》の中《なか》、災害《さいがい》が起《お》きたときでも通話《つうわ》できるように、大《おお》きなアンテナを使《つか》って日本全体《にほんぜんたい》をカバーします。

雲《くも》の動《うご》きを見《み》のがさない!

気象衛星《きしょうえいせい》　ひまわり

雲《くも》の動《うご》きを2分半《ふんはん》ごとに観測《かんそく》することで、そのあとの天気《てんき》のうつり変《か》わりがわかります。

台風《たいふう》の雲《くも》の動《うご》きもわかるよ!

正《ただ》しくはかる!

準天頂衛星《じゅんてんちょうえいせい》　みちびき

カーナビなどで道案内《みちあんない》をするアメリカの人工衛星《じんこうえいせい》といっしょに、わたしたちがいる正《ただ》しい位置《いち》をわり出《だ》します。

日本《にほん》の真上《まうえ》をいつも飛《と》んで、高《たか》いビルにじゃまされないように、位《い》置《ち》を正《ただ》しくはかるよ!

インターネットの救世主《きゅうせいしゅ》!

超高速《ちょうこうそく》インターネット衛星《えいせい》　きずな

日本中《にほんじゅう》どこでも高速《こうそく》でインターネットを利用《りよう》できるように打《う》ち上《あ》げられました。それにより、しょうらい的《てき》にもっと手軽《てがる》にインターネットができるようになるでしょう。

山《やま》でそうなんした人《ひと》もけいたい電話《でんわ》が使《つか》えるわ!
ビュン

探《たん》査《さ》機《き》たちの大《だい》ぼうけん!

地球《ちきゅう》のまわりを回《まわ》る人工衛星《じんこうえいせい》とはちがい、地球《ちきゅう》をはなれて遠《とお》くの星《ほし》まで旅《たび》をする「探査機《たんさき》」という機械《きかい》があります。ここではさまざまな探査機《たんさき》たちのぼうけんを見《み》てみましょう。

はやぶさ～小惑星《しょうわくせい》をぼうけん!～

はやぶさは、2003年《ねん》、小惑星《しょうわくせい》「イトカワ」のかけらをとりに出発《しゅっぱつ》しました。出発《しゅっぱつ》から7年《ねん》もの長《なが》い旅《たび》のすえに、はやぶさはイトカワのかけらをもち帰《かえ》りました。はじめて、月《つき》より遠《とお》い星《ほし》のかけらをもって帰《かえ》ってきたのです。

地球《ちきゅう》から1億《おく》キロメートル以上《いじょう》もはなれたイトカワの大きさは、直径《ちょっけい》たったの300メートルくらいだよ!
たどりつくのもきせき的《てき》!

はやぶさは、ぼろぼろになりながらも、イトカワのかけらが入《はい》ったカプセルをもって、地球《ちきゅう》へ帰《かえ》ってきました。そして、カプセルを切《き》りはなすと、はやぶさは地球《ちきゅう》をつつむ空気《くうき》のそうに入《はい》ってもえつきました。

かけらはたしかにとどけたよ…
ありがとう!はやぶさ
とどいた

あかつき～金星《きんせい》をぼうけん！～

地球《ちきゅう》と金星《きんせい》は大《おお》きさや太陽《たいよう》からのきょりが近《ちか》いため、にていると思《おも》われていました。でも、じっさいには、金星《きんせい》は高温《こうおん》で強風《きょうふう》がふきあれるきびしいかんきょうの星《ほし》だとわかってきました。どうして金星《きんせい》がこのようなかんきょうになったのか、そのなぞをとき明《あ》かすべく、あかつきは打《う》ち上《あ》げられました。そして、それがわかれば、地球《ちきゅう》に生《い》き物《もの》がたくさんいるひみつがわかるのではないかと期待《きたい》されています。

一度目《いちどめ》はエンジンがこしょうしちゃって失敗《しっぱい》したけど、二度目《にどめ》で金星《きんせい》の通《とお》り道《みち》に入《はい》ることができたよ！

ボイジャー1号《ごう》～宇宙《うちゅう》のはてをめざしてぼうけん～

ボイジャー1号《ごう》は、1977年《ねん》、太陽系《たいようけい》の惑星《わくせい》や、太陽系《たいようけい》の外《そと》まで調《しら》べるために打《う》ち上《あ》げられ、さまざまな調査《ちょうさ》をしました。そして打《う》ち上《あ》げからずーっと宇宙《うちゅう》を飛《と》び続《つづ》けているのです。太陽系《たいようけい》をぬけ出《だ》して、地球《ちきゅう》から数百億《すうひゃくおく》キロメートルのところまで飛《と》んでいます。

ぼくには、宇宙人《うちゅうじん》にあてたメッセージが入《はい》っているんだ！
いつかこのメッセージが読《よ》まれるといいなあ

宇宙人《うちゅうじん》ってどこにいるの？

宇宙人《うちゅうじん》といってみんなが思《おも》いうかべるのは、どんなすがたですか？ そしてこの広《ひろ》い宇宙《うちゅう》のどこに行《い》けば見《み》つけられるのでしょうか？

生《い》き物《もの》が生《い》きるのに必《ひつ》要《よう》な水《みず》と大気《たいき》、てきどな温度《おんど》がある星《ほし》は、宇宙《うちゅう》に

高橋TV
特別企画
討論！
宇宙人の見つけ方
宇宙人《うちゅうじん》といっても、人《ひと》の形《かたち》をしているのか、それとも生《い》き物《もの》であればいいのか、まずはそこから決《き》める必要《ひつよう》があるわね
そうですね。わたしたちは、電波《でんぱ》を使《つか》って宇宙《うちゅう》にメッセージを送《おく》っていますが、いまだに返事《へんじ》はありません。だから、人間《にんげん》のようなちのうをもった生《い》き物《もの》はいないのかもしれません
進化学者
天文学者

はたくさんあるといわれています。

だから、地球《ちきゅう》とにている星《ほし》をさがせば、もしかしたら、わたしたちとにている生《い》き物《もの》がいるのかもしれません。

また最近《さいきん》の研究《けんきゅう》から、地《ち》球《きゅう》の近《ちか》くの星《ほし》に、生命《せいめい》体《たい》がいるかもしれないと考《かんが》える人《ひと》もいます。

でも…アメーバみたいな小《ちい》さな生《い》き物《もの》ならいるかもしれないわ。水《みず》があるといわれている火星《かせい》の地下《ちか》なんて生《い》き物《もの》がいてもおかしくないでしょう?
ええ。それに生《い》き物《もの》の材料《ざいりょう》になる「有機物《ゆうきぶつ》」は地球《ちきゅう》以外《いがい》でも見《み》つかっています。そもそも地球《ちきゅう》の有機物《ゆうきぶつ》だって、宇宙《うちゅう》からやってきたかもしれないのですから
宇宙《うちゅう》は広大《こうだい》ですよ。わたしたちが知《し》らない星《ほし》に、人間《にんげん》のような生《い》き物《もの》がいても何《なに》もふしぎじゃありませんよ
どっちでもいいけど、いたほうが楽《たの》しそうな気《き》がします!
人類学者
物理学者
宇宙飛行士
一般の方

このようにまだまだぎろんは続《つづ》いています。宇宙《うちゅう》の研究《けんきゅう》や調査《ちょうさ》がもっとすすめば、宇宙人《うちゅうじん》を見《み》つけられるかもしれません。

宇宙《うちゅう》に行《い》きたい！　どうすればいい？

暗《くら》い宇宙空間《うちゅうくうかん》にうかぶ星《ほし》たちを、地球《ちきゅう》からではなく、宇宙《うちゅう》から見《み》る。

宇宙《うちゅう》から見《み》る地球《ちきゅう》は、とてつもなく美《うつく》しく、人生《じんせい》が変《か》わってしまうほど大《おお》きなできごとになるかもしれません。

では、どうしたら宇宙《うちゅう》に行《い》けるのでしょう？

その方法《ほうほう》は、３つあります。

ひとつは、宇宙飛行士《うちゅうひこうし》になること。

宇宙飛行士《うちゅうひこうし》になるのはとてもむずかしいですが、宇宙《うちゅう》を

思《おも》う気持《きも》ちが強《つよ》いのならば、ぜひちょうせんしてみてください。

次《つぎ》に、待《ま》つことです。今《いま》も宇宙旅行《うちゅうりょこう》を計画《けいかく》している会社《かいしゃ》はたくさんありますが、本当《ほんとう》に行《い》けるようになるまではもう少《すこ》し時間《じかん》がかかりそうです。でもいつか必《かなら》ず、宇宙旅行《うちゅうりょこう》ができる未来《みらい》がやってきます。

そして、最後《さいご》の方法《ほうほう》。それは、みんなが科学者《かがくしゃ》になり、宇宙《うちゅう》のなぞをとき明《あ》かすこと。

今《いま》、人類《じんるい》が行《い》っている宇宙《うちゅう》とは、ほとんどが地球《ちきゅう》から４００キロメートルくらいのところ。でも、みんなが科学者《かがくしゃ》になって、宇宙《うちゅう》のひみつをたくさんとき明《あ》かすことができれば、きっと、今《いま》よりずっと遠《とお》くの宇宙《うちゅう》に、だれもが行《い》けるようになるでしょう。

おうちの方へ

子どもの想像力、直観力は大変に豊かなものです。たとえば、子どもと一緒に空を見上げていると、「太陽はどうして明るいの？」「月はどんなところなの？」「宇宙はどのくらい大きいの？」といった質問をされて、答えに困ってしまった経験をお持ちの方もいらっしゃるかもしれません。

本書はそんな子どもたちの素朴な疑問をもとに、制作しました。

この本に書かれていることには、大学レベルの内容や、最先端の研究成果も含まれています。そこから生まれる子どもの科学的な問いは、大人であっても簡単に答えられないものが多いと思います。

特に、中高学年の子どもが持つ率直な疑問には、人類がまだ理解していないようなことまで含まれます。疑問を持ち、考えることは科学の基礎ですから、そうした芽を摘まずに伸ばしていきたいものです。

そして、そうした疑問に答えるというよりも、ふしぎさを親子でいっしょに共感しながら、ともによりそって考えることが、子どもの成長にとって非常に大切なのだと感じています。

東京大学総合研究博物館
教授
宮本　英昭

参考文献

『小学館の図鑑NEO　地球』小学館
『小学館の子ども図鑑　プレNEO　楽しく遊ぶ学ぶ　ふしぎの図鑑』
　小学館
『宇宙探検えほん』小学館
『ニューワイド学研の図鑑7　宇宙』学研
『宇宙の落とし穴ブラックホール―異次元への扉をひらく』学研
『ポプラディア大図鑑WONDA　宇宙』ポプラ社
『講談社の動く図鑑MOVE　宇宙』講談社
『宇宙においでよ！』講談社
『星と神話　物語で親しむ星の世界』講談社
『なんでも！いっぱい！こども大図鑑』河出書房新社
『ガリレオ―星空を「宇宙」に変えた科学者』BL出版
『はじめての百人一首』鈴木出版
『ブラックホールで死んでみる―タイソン博士の説き語り宇宙論』
　早川書房
『月へ　アポロ11号のはるかなる旅』偕成社
『ズバリ答えます！600人の小学生からとどいたたくさんのなぜ？
　宇宙のなぜ？』偕成社
『星と宇宙のふしぎ109　プラネタリウム解説員が答える天文のなぜ』
　偕成社
『生命40億年全史』草思社
『地球環境46億年の大変動史』化学同人
『Newton別冊重力とは何か？』ニュートンプレス
『Newton別冊相対性理論とタイムトラベル』ニュートンプレス
『Newton別冊ブラックホールと超新星』ニュートンプレス
『Newton別冊太陽と惑星 第3版』ニュートンプレス
『理科年表』丸善出版
『心ときめくおどろきの宇宙探検365話』ナツメ社
『宇宙で最初の星はどうやって生まれたのか』宝島社
『ニーチェはこう考えた』筑摩書房
『最新！宇宙探検ビジュアルブック』主婦と生活社
『ビッグバン&ブラックホール―2大テーマから宇宙の謎にせまる』
　誠文堂新光社
『星座神話と星空観察　星を探すコツがかんたんにわかる』誠文堂新光社
『国際関係がよくわかる　宗教の本4　アジアと仏教』岩崎書店
『宇宙への秘密の鍵』岩崎書店
『宇宙に秘められた謎』岩崎書店
『宇宙の誕生　ビッグバンへの旅』岩崎書店
『新しい宇宙のひみつQ&A』朝日新聞出版
『星から宇宙へ』新日本出版社
『仕掛絵本図鑑　動物の見ている世界』創元社

監修者

宮本英昭　みやもと ひであき

東京大学総合研究博物館教授。宇宙ミュージアムTeNQリサーチセンター長。1995年東京大学理学部を卒業し、2000年に博士（理学）取得。アリゾナ大学月惑星研究所客員研究員などを務める。専門は惑星科学。特に探査機のデータ解析と探査計画の立案などを行っている。また、最先端の研究成果を社会に広める活動として、小学校に先端科学を展示するスクール・モバイルミュージアム事業（2012年度キッズデザイン賞受賞）を主催。東京ドーム内の宇宙ミュージアムTeNQを監修し、東京大学総合研究博物館との連携プロジェクトとして研究室を移設。

〈著書〉

『惑星地質学』（東京大学出版会）共著、『鉄学　137億年の宇宙誌』（岩波書店）共著

宇宙のふしぎ　なぜ？ どうして？

監修者　宮本英昭
発行者　高橋秀雄
発行所　**株式会社 高橋書店**
〒170-6014 東京都豊島区東池袋3-1-1 サンシャイン60 14階
電話　03-5957-7103

ISBN978-4-471-10351-4　